乖/宝/宝　徐霞　主编

温馨手工毛衣

Guai Baobao

辽宁科学技术出版社

·沈阳·

本书编委会

主　编　徐　霞

编　委　廖名迪　宋敏姣　樊艳辉　李玉栋

图书在版编目（CIP）数据

乖宝宝温馨手工毛衣 / 徐霞主编. —沈阳：辽宁科学技术出版社，2014.9
ISBN 978-7-5381-8703-8

Ⅰ. ①乖…　Ⅱ. ①徐…　Ⅲ. ①童服—毛衣—手工编织—图集　Ⅳ. ① TS941.763.1-64

中国版本图书馆 CIP 数据核字（2014）第 134923 号

如有图书质量问题，请电话联系
湖南攀辰图书发行有限公司
地址：长沙市车站北路 649 号通华天都 2 栋 12C025 室
邮编：410000
网址：www.penqen.cn
电话：0731-82276692　82276693

出版发行：辽宁科学技术出版社
　　　　　（地址：沈阳市和平区十一纬路 29 号　邮编：110003）
印 刷 者：湖南新华精品印务有限公司
经 销 者：各地新华书店
幅面尺寸：210mm × 285mm
印　　张：13.5
字　　数：162 千字
出版时间：2014 年 9 月第 1 版
印刷时间：2014 年 9 月第 1 次印刷
责任编辑：卢山秀　攀　辰
摄　　影：龙　斌
封面设计：多米诺设计·咨询　吴颖辉　龙欢
版式设计：攀辰图书
责任校对：合　力

书　　号：ISBN 978-7-5381-8703-8
定　　价：39.80 元
联系电话：024-23284376
邮购热线：024-23284502

目录
Contents

喜洋洋条纹背心

大红色是很喜庆的一个颜色，也很衬小朋友粉嫩的肤色，天气微凉的时候，给孩子穿上这样一件背心是很不错的选择。

编织图解：P105

长款毛球毛衣

这是一款很可爱的毛衣，有着鱼尾般的下摆，彩色的毛球点亮了整件毛衣的色彩。

编织图解 P106～107

圆领镂空毛衣

镂空的花纹和菱形的图案构成了
毛衣的基本元素，暖暖的姜黄色是时
尚的色彩。

编织图解· P107 ~ 108

花边背心

这是一件基本款的背心，弧形的花边和胸口的小花点缀在背心上，玫红的颜色很衬小女孩的肤色。

编织图解：P109～110

红色大口袋背心裙

不规则的下摆很独特，胸前的小装饰打破了红色的一成不变，背心裙的设计很方便搭配。

编织图解：P110 ～ 111

背面

条纹厚毛衣

简单大方的款式、富有立体感的花纹、纯净的颜色，这样一款毛衣肯定会给孩子带去更多的温暖。

编织图解：P111 ~ 112

纯色开衫

这款毛衣没有过多的装饰，也没有特别的花纹，简约的款式在不经意间流露出时尚的气息。

编织图解：P113 ~ 114

钩花背心

　　黄色是冬日里的一抹暖色，用在毛衣上很合适。胸前的大片钩花呈现的是春天的美丽，配上小女孩的如花笑颜，恰如冬天的一抹阳光。

编织图解：P114 ~ 115

背面

小花短袖开衫

紫色是一种优雅的颜色，撞色系
的小花给人视觉上的享受。

编织图解：P115 ~ 116

简约立领毛衣

素雅的颜色、少量的花纹，简单
的毛衣可以给孩子带去更多的温暖。

编织图解：P116 ~ 117

波浪边毛衣

小小的波浪边点缀着毛衣的领子、袖口和下摆，这是一件很复古的毛衣。

编织图解：P118 ~ 119

背面

紫色大纽扣毛衣

不规则的下摆显得很有个性，毛衣上的
毛线球球富有趣味性，大大的纽扣很耀眼。

编织图解：P119 ~ 120

背面

米色休闲毛衣

　　米色给人一种舒适的感觉，干净
且素雅，配上简单的花纹，是一件很休
闲的毛衣。

编织图解：P120 ~ 121

娃娃领毛衣

毛衣的领子很特别，红白两色的叠加在视觉上很清爽，双排扣的设计显得很时尚。

编织图解：P122 ~ 123

背面

活力蝙蝠衫

这款毛衣的款式比较特别，毛衣上的花纹也是不对称设计的，显得很有活力。

编织图解：P123 ~ 124

翻领毛衣裙

这是一款毛衣裙，大大的叶子图案布满了毛衣，微微的镂空设计很有新意。

编织图解：P124～125

暖色休闲外套

简单大方的款式，立体的
花纹让毛衣看起来更加可爱，
男孩女孩都可以穿。

编织图解：P126

大蝴蝶结背心

　　大红色的毛线背心，胸前的大蝴蝶结十分醒目，加亮钻的装饰，吸引众人的目光。

编织图解：P127 ~ 128

翻领小背心

毛衣整体采用白色，在衣领、袖口和下摆织了一圈玫红色收口边，衣领处点缀上两朵小花，简单而美丽。

编织图解：P128 ~ 129

背面

紫色高领毛衣

紫色是一种优雅的颜色，搭配上简单的花纹，自然而然的给人一种美好的感觉。

编织图解：P129～130

圆领小背心

　　圆领很好穿脱，条纹的图案
很有规则，下摆处的波浪花纹则
显得很有活力。

编织图解：P131 ～ 132

小猫咪背心

粉粉的颜色很惹人爱，小猫咪的图案无疑为背心增添了更多的童趣，背心上的蕾丝边是小公主们的最爱。

编织图解：P132 ~ 133

拼接休闲毛衣

简单的款式，男孩女孩都可以穿着，
为了打破一成不变的颜色，腰间和袖子
上用上了拼接元素，让毛衣显得很特别。

编织图解：P133 ~ 134

蓝色毛衣裙

天蓝色的毛衣搭配上海军领有种天空般纯净的感觉，腰间的系带设计除了能增添美感，还能让孩子穿得更加合身。

编织图解：P134 ~ 135

背面

花边领休闲背心

领子是小小的花边，很符合女孩的喜好，
衣服上菱形的花纹赋予了毛衣很多活力。

编织图解：P136 ~ 137

糖果色条纹背心

　　两色条纹组成的背心，上面点缀着一些同色的小圆球，像糖果一样，相信小孩子会很喜欢。

编织图解：P137 ～ 138

短袖淑女毛衣

版型很好的一件毛衣，圆圆的领子能很好地衬托小孩子的笑脸，腰间的系带设计可以让毛衣更有型。

编织图解：P138 ~ 139

背面

V 领气质开衫

暖暖的颜色带来冬日的温暖，外穿内搭都合适，温暖舒适的毛线，能符合孩子的需要。

编织图解：P140 ~ 141

毛绒球背心

干净利落的颜色，粗大的扭花图案，让背心看起来简单又大方，胸前的毛绒球为背心带去了一些活泼感。

编织图解：P141 ～ 142

背面

休闲款毛衣

宽松的版型有着慵懒休闲的感觉，简单的花色，只有胸口的小花做装饰，出去游玩的时候穿着是很好的选择。

编织图解：P143 ~ 144

简约套头衫

淡淡的紫色在阳光的照耀下
显得很柔和,高领可以更好地保
暖。

编织图解:P144 ~ 145

复古麻花纹套头衫

这是一款很有范儿的毛衣，从花纹到下摆，到处都展示着它的精致。

编织图解：P146 ~ 147

背面

V领开衫

大大的V领颇有时尚
气息，袖口的收口设计可以
更好地保暖，毛衣两侧的大
口袋是毛衣的亮点。

编织图解：P147 ~ 148

粉色淑女毛衣

花苞领的设计别具一格，袖口和
下摆的波浪纹设计显得很有活力。

编织图解：P149 ~ 150

喜庆红色毛衣

大红色是极富有活力的颜色，穿上这样的毛衣让人觉得很精神。

编织图解：P150 ~ 151

可爱毛绒外套

超暖和的线材很保暖，摸上去的手感也很舒服，非常适合给孩子穿，帽子两边的耳朵设计，甜蜜可爱，很有立体感。

编织图解：P152

V领花纹毛衣

传统元素的五角星、方形图案，
精致、时尚又不失可爱，袖口采用收口
设计，能更好地保暖。

编织图解：P153 ~ 154

百搭时尚开衫

大方的立领设计，凸显毛衣的时尚、新潮，有条理的花纹展示了精致的细节。

编织图解：P154 ~ 155

紫色小花背心裙

淡紫色把小女孩的皮肤衬托得更加粉嫩，胸前精致的小花设计，起到了点睛的作用。

编织图解：P156

百搭马甲

款式简约不张扬，低调却又很有格调，下摆处的两种花色给毛衣增添了一抹亮色。

编织图解：P157 ~ 158

黑白拼接背心裙

大大的圆领设计，休闲感十足，白色
小方块的拼接显得很有个性。

编织图解：P158 ~ 159

背面

一字领花朵
背心

略带弧形的花边一字领给人一
种美好的感觉，胸口的梅花很逼真。

编织图解：P159 ~ 160

红色翻领斗篷

翻领的设计尽显优雅大气，镂空的花纹很精致，收口处的麻花纹设计很特别。

编织图解：P160 ～ 161

高领拼色毛衣

高领更有利于保暖，胸前的卡通图案很符合小孩子的喜好。

编织图解：P161 ~ 162

树叶花纹毛衣

胸前蔓延的树叶图案是最大的亮点，向上伸展的树叶富有勃勃生机，袖口和下摆的同色花纹增加了衣服的立体感。

编织图解：P162 ～ 163

玫红色螺纹毛衣

实用的圆领款式，大片的螺纹设计盘旋
在衣领下方，很有立体感。

编织图解：P164 ~ 165

浅黄色短袖开衫

领口的牛角扣给毛衣增添了一丝别样风情，毛衣下摆的镂空设计显得很精致。

编织图解：P165 ~ 166

酒红色厚开衫

这件毛衣给人一种厚重的感觉，能很好地保暖，衣服上的扭花富有活力，同色系的纽扣让毛衣显得更富有整体性。

编织图解：P166 ~ 167

背面

连帽毛线开衫

连帽的设计，装饰实用性并重，
毛衣两侧的口袋也很实用，冬天将手
插进口袋，保暖舒适。

编织图解：P168 ~ 169

卡通条纹马甲

肩膀两侧的系带设计很独特，条纹的花纹是毛衣最大的亮点，衣服右侧的卡通人物贴布给马甲增加了许多童趣。

编织图解：P169 ～ 170

粉色毛线裙

粉粉的颜色很受小女孩喜
欢，裙子的设计显得更加淑女，
镂空的波浪纹设计很有新意。

编织图解：P170 ~ 171

背面

蝴蝶结休闲毛衣

领子的花边设计尽显小女孩的可爱，
衣服上蝴蝶结的设计增添了毛衣的层次感，
背后的大蝴蝶结更是添了许多的甜美气息。

编织图解：P172 ~ 173

简约学院风马甲

简单大方的款式很好搭配其他衣服，
淡淡的颜色给人视觉上的享受，绿色的纽扣
点亮了整件马甲。

编织图解：P173 ~ 174

彩色条纹背心

背心采用灰色底色，粉色和玫红色相间的条纹，让毛衣看上去显得很温暖。

编织图解：P175

灰色休闲毛衣

这件毛衣用最基本的花纹织成，为了不显单调，在毛衣的左右两侧点缀了两排彩色的草莓图案，为毛衣增色了不少。

编织图解：P176 ~ 177

迷彩花纹套头衫

炫彩的颜色是这件毛衣的亮点，袖子和下摆收口处采用了不同颜色的毛线来收口，显得很别致。

编织图解：P177~178

背面

白色小鹿开衫

圆领的设计简单大方，口袋两侧
用了传统的小鹿图案，时尚又不失可爱。

编织图解：P179 ~ 180

菱形格子背心

整件背心由菱形格子图案组成，简单又不失时尚。

编织图解：P180 ~ 181

V领条纹背心

毛衣的条纹是波浪形的，很特别，深色的条纹显得很稳重，玫红色条纹又尽显可爱，两者拼接在一起，赋予了毛衣别样的气息。

编织图解：P182

婉约气质毛线背心

高腰的设计很特别，玫红色边的衬托让灰色背心更加有活力。

编织图解：P183 ～ 184

小花朵开衫

毛衣上错落有致的花朵带给衣服春天般的感觉，彩色的纽扣搭配得相得益彰。

编织图解：P184 ~ 185

背面

扭花休闲开衫

简约大方的款式，开衫可以搭配
任何衣服。

编织图解：P186 ~ 187

童趣背心

这件背心的领子设计很特别，小猫咪图案富有童趣。

编织图解：P187 ~ 188

黑白小鹿套头衫

黑白两色的拼接让毛衣显得很时尚，胸前的小鹿图案很可爱，孩子一定很喜欢。

编织图解：P189～190

个性圆球毛衣

这件毛衣处处都彰显着精致，毛衣上四处点缀着小毛球，衣服的下摆采用半镂空设计，就连衣袖的收口处也选用了复杂的花纹。

编织图解：P190 ~ 191

米色毛球外套

暖暖的米色给人一种视觉上的享
受，衣领系带的两个毛球球显得很有
童趣。

编织图解：P192 ～ 193

背面

绿色麻花纹毛衣

线条感十足的麻花纹是毛衣的亮点，宽松的款式能让孩子穿着更加舒适。

编织图解：P193 ~ 194

双排扣外套

厚重的毛衣给人一种温暖的感觉，深色
毛线显得很稳重。

编织图解：P194 ~ 195

小裙摆淑女毛衣

黑白两色的搭配是十分经典的，因为有白色的点缀，这件毛衣显得更加有活力。

编织图解：P196～197

粉色系带毛衣

粉粉的颜色很适合小女孩穿着，腰间的收缩带子可以随意调节大小，下摆的小口袋设计也富有趣味。

编织图解：P197 ～ 198

花边背心裙

淡淡的白色毛衣，以红色花边做点缀，胸前再配上同色系的小花，给人感觉十分美好。

编织图解：P199

背面

小兔图案毛衣

手绘画一样的笨笨兔子图案很可爱，红色提包图案很有立体感，整件毛衣的设计典雅而大方。

编织图解：P200 ~ 201

灰色背心裙

　　高腰的设计很修身，小巧可爱的帽子形状小口袋很特别，可以用来放小物，装饰和实用性并存。

编织图解：P201 ～ 202

可爱翻领毛衣

领子上加上花边设计，美丽而时尚，两侧的口袋方便实用。

编织图解：P203 ～ 204

可爱淑女背心

经典的圆领设计，简单大方，个性的花纹设计，不仅做工精致，也很醒目。

编织图解：P204 ~ 205

两色拼接毛衣

温婉的领型能更好地体现女孩温柔的气质，粉嫩的颜色也是小女孩的最爱。

编织图解：P205 ~ 206

灰色可爱娃娃毛衣

卡通图案使简洁的毛衣顿时生动起来，个性的衣领和下摆的设计让毛衣更加引人注目。

编织图解：P207 ~ 208

运动男孩连帽外套

运动款的毛衣，让穿上它的宝宝阳光帅气。

编织图解：P208 ~ 209

清新果园风毛衣

精美形象的葡萄图案让宝宝穿出清新的果园风。

编织图解：P209 ~ 210

紫色流苏披肩

紫色的流苏披肩唯美梦幻，让宝宝穿出公主般的感觉。

编织图解：P210 ～ 211

背面

动物口袋翻领外套

鲜艳的蓝色很吸引人的目光，最特别的是动物口袋的设计，既新颖又实用。

编织图解：P211 ~ 212

休闲条纹翻领毛衣

条纹一直是不褪色的经典，这款蓝白条纹毛衣，
颇有海军风。

编织图解：P212 ~ 213

淑女蛋糕裙

真正的高贵典雅是不需要过多的装饰的，就像这条毛线裙一样，只有毛线本身的纹路点缀，就那样静静地摆放在那，高贵典雅的感觉自然而然就流露出来了。

编织图解：P214 ～ 215

潮流无袖连衣裙

整件连衣裙只有一些小毛线球点缀，白色的花边让它变得素雅大方，宝宝穿上一定会很甜美可爱。

编织图解：P215

温馨翻领系扣毛衣

这是一款具有公主气质的短袖毛衣，穿上它，宝宝不但很温暖，小公主气质也会立即显现。

编织图解：P216

◆编织图解

喜洋洋条纹背心

【成品尺寸】衣长 36cm　下摆 29cm
【工　　具】10 号棒针 4 支　缝衣针 1 支
【材　　料】白色、红色羊毛绒线各 200g
【密　　度】10cm² : 30 针 × 40 行
【附　　件】纽扣 4 枚　动物标识

【制作过程】

1. 毛衣用棒针编织，由一片前片、一片后片组成，从下往上编织。

2. 前片：（1）用下针起针法起 88 针，先织 3cm 双罗纹后，改织全下针并配色，侧缝不用加减针，织 18cm 至袖窿。

（2）袖窿以上的编织：织片两边袖窿平收 7 针后减针，方法是：每 2 行减 2 针减 5 次，余下针数不加不减织 30 行至顶部余 54 针，收针断线。

3. 后片：（1）用下针起针法起 88 针，先织 3cm 双罗纹后，改织全下针并配色，侧缝不用加减针，织 18cm 至袖窿。

（2）袖窿以上的编织：两边袖窿平收 7 针后减针，方法是：每

2 行减 2 针减 5 次，余下针数不加不减织 50 行至顶部。

（3）同时织至从袖窿算起 10cm 时，中间平收 30 针，两边肩部继续编织 5cm 余 12 针。

4. 缝合：将前片的侧缝与后片的侧缝对应缝合。前片的肩部与后片的肩部叠压缝上纽扣。

5. 两边袖口用红色线，分别挑 92 针，织 2cm 双罗纹。后片领圈用红色线挑 90 针，织 2cm 双罗纹。

6. 缝上动物标识。毛衣编织完成。

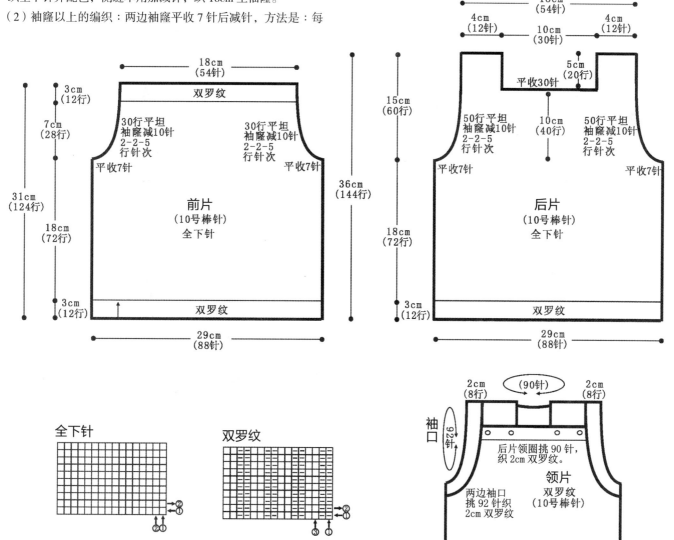

长款毛球毛衣

【成品尺寸】衣长 47cm 下摆 28cm 袖长 32cm

【工　　具】10 号棒针 4 支 缝衣针、钩针各 1 支

【材　　料】蓝色羊毛绒线 400g

【密　　度】10cm² : 26 针 × 36 行

【附　　件】各色毛线绒球 8 个

【制作过程】

1. 毛衣用棒针编织，袖窿以下一片环形编织而成，袖窿以上分前后片编织，从下往上编织。

2. 下摆分 8 小片编织，分别起 2 针，按花样在 2 针的两边加针，加至 18 针时暂不织，同样方法织 8 小片，然后合并环织，继续编织花样，织 6cm 时改织全下针，侧缝不用加减针，织 17cm 至袖窿，袖窿以下环织部分编织完成。

3. 袖窿以上的编织：将织片分片编织，前后片各取 72 针。（1）前片：两边各平收 4 针后，进行袖窿减针，方法是：每 2 行减 1 针减 4 次，不加不减织 50 行至肩部。

（2）同时织至从袖窿算起 10cm 时，中间平收 14 针，然后领窝减针，方法是：每 2 行减 1 针减 8 次，织至肩部余 13 针。

（3）后片：袖窿的编织方法与前片一样，同时织至从袖窿算起

14cm 时，中间平收 22 针，然后领窝减针，方法是：每 2 行减 1 针减 4 次，织至肩部余 13 针。完成后将前后片的两边肩部对应缝合。

4. 袖片：用下针起针法起 48 针织全下针，袖下加针，方法是：每 14 行加 1 针加 6 次，织至 24cm 时，两边平收 4 针，开始袖山减针，方法是：每 2 行减 2 针减 4 次，每 2 行减 1 针减 10 次，各减 18 针，至顶部余 16 针。同样方法编织另一袖片。

5. 缝合：两边袖片的袖下缝合后，分别与衣片的袖边缝合。用钩针钩织袖口的花边。

6. 领片：领圈边用钩针钩织花边。

7. 下摆在 8 小片的底部缝上各色毛线绒球。毛衣编织完成。

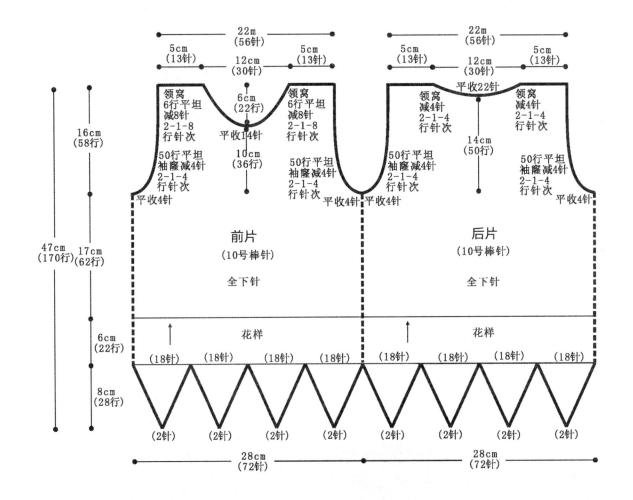

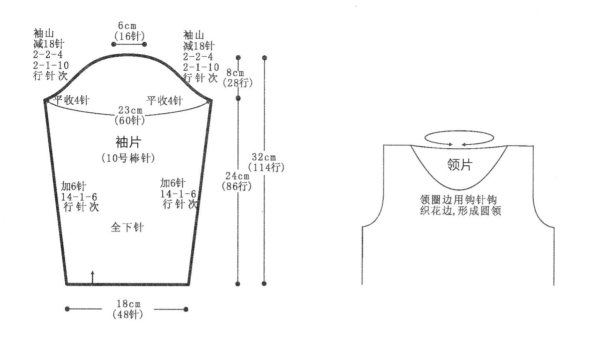

袖山
减18针
2-2-4
2-1-10
行针次

6cm
(16针)

袖山
减18针
2-2-4
2-1-10
行针次

平收4针   平收4针

23cm
(60针)

袖片
(10号棒针)

8cm
(28行)

32cm
(114行)

24cm
(86行)

加6针
14-1-6
行针次

加6针
14-1-6
行针次

全下针

18cm
(48针)

领片

领圈边用钩针钩
织花边,形成圆领

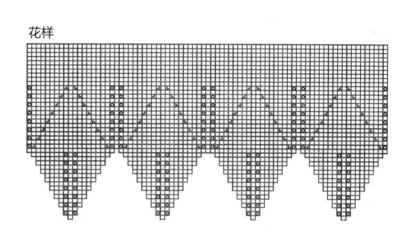

花样

全下针

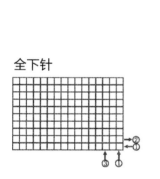

圆领镂空毛衣

【成品尺寸】衣长 36cm　下摆 29 cm　连肩袖长 17cm
【工　　具】10 号棒针 4 支　缝衣针 1 支
【材　　料】黄色羊毛绒线 200g
【密　　度】10cm² ：28 针 ×34 行

【制作过程】

1. 毛衣用棒针编织,由一片前片、一片后片组成,从上往下编织。

2. 领口环形片:从领口起织,用下针起针法起 120 针,先织 2cm 全下针,形成卷边圆领,然后改织花样 A,并开始分前片和两边袖口,然后按花样 B 加针,加 24 次,织完 15cm 时,织片的针数为 308 针,环形片完成。

3. 开始分出前片、后片和两片袖口,(1)前片:分出 82 针,

继续编织花样 A,侧缝不用加减针,织至 19cm 时改织 2cm 全下针,形成卷边下摆,收针断线。

(2)后片:分出 82 针,编织方法与前片一样。

4. 袖口:左袖口分出 72 针,继续编织 2cm 全下针,形成卷边袖口,收针断线。同样方法编织右袖片。

5. 领片:领圈起 120 针,织 2cm 全下针,形成圆领。

6. 缝合:将前片的侧缝和后片的侧缝缝合。两袖口的袖下分别缝合。毛衣编织完成。

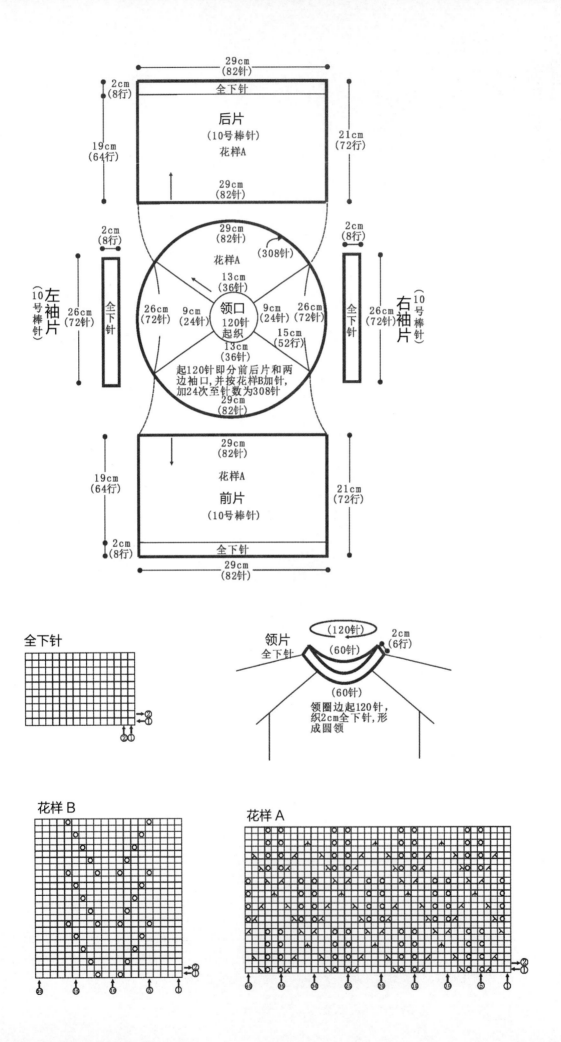

29cm
(82针)

2cm
(8行)

全下针

后片
(10号棒针)
花样A

19cm
(64行)

21cm
(72行)

29cm
(82针)

29cm
(82针)

(308针)

花样A

2cm
(8行)

2cm
(8行)

13cm
(36针)

左袖片
(10号棒针)

26cm
(72针)

全下针

领口
120针
起织

26cm
(72针)

9cm
(24针)

9cm
(24针)

26cm
(72针)

全下针

26cm
(72针)

右袖片
(10号棒针)

13cm
(36针)

15cm
(52行)

起120针即分前后片和两
边袖口,并按花样B加针,
加24次至针数为308针

29cm
(82针)

29cm
(82针)

花样A

19cm
(64行)

前片
(10号棒针)

21cm
(72行)

2cm
(8行)

全下针

29cm
(82针)

全下针

领片

(120针)
全下针 (60针)

2cm
(6行)

(60针)

领圈边起120针,
织2cm全下针,形
成圆领

花样 B

花样 A

108

花边背心

【成品尺寸】衣长 38cm　下摆 36cm

【工　　具】10 号棒针 4 支　缝衣针、钩针各 1 支

【材　　料】玫红色羊毛绒线 300g

【密　　度】10cm² ：30 针 × 40 行

【附　　件】钩针装饰小花 1 朵　纽扣 7 枚

【制作过程】

1.毛衣用棒针编织，由两片前片，一片后片组成，从下往上编织。

2.前片：分右前片和左前片编织。（1）右前片：用下针起针法起 54 针，先织 6cm 双层平针底边后，改织花样，侧缝减 9 针，方法是：每 6 行减 1 针减 9 次，织 16cm 时针数为 45 针，改织单罗纹，并继续编织 4cm 至袖窿。

（2）袖窿以上的编织：右侧袖窿平收 5 针后减针，方法是：每织 2 行减 2 针减 5 次，不加不减织 50 行至肩部。

（3）同时从袖窿算起织至 9cm 时，进行领窝减针，方法是：每 2 行减 1 针减 6 次，每 2 行减 2 针减 6 次，平织 8 行至肩部余 12 针。

（4）相同的方法、相反的方向编织左前片。

3.后片：（1）用下针起针法起 108 针，先织 6cm 双层平针底

边后改织花样，侧缝减 9 针，方法是：每 6 行减 1 针减 9 次，织 16cm 时针数为 45 针，改织单罗纹，并继续编织 4cm 至袖窿。

（2）袖窿以上的编织：袖窿两边平收 5 针后，开始减针，方法与前片袖窿一样。

（3）同时从袖窿算起，织至 13cm 时，中间平收 28 针，两边领窝减针，方法是：每 2 行减 1 针减 4 次，至两边肩部余 12 针。

4.缝合：将前片的侧缝与后片的侧缝对应缝合，前后片的肩部对应缝合。

5.门襟的编织。两边门襟至领圈边用钩针钩织花边。

6.袖口：两边袖口分别用钩针钩织花边。

7.缝上装饰的钩针小花和纽扣。毛衣编织完成。

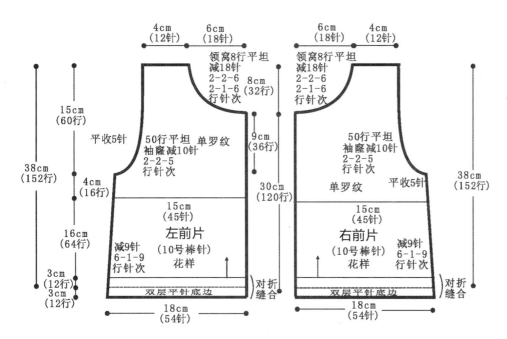

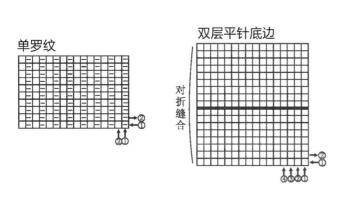

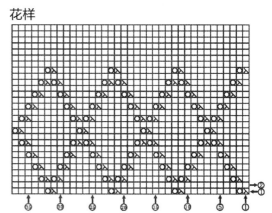

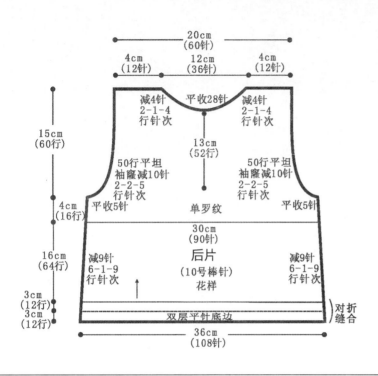

20cm
(60针)
4cm (12针)　12cm (36针)　4cm (12针)

减4针
2-1-4
行针次　平收28针　减4针
2-1-4
行针次

15cm
(60行)

13cm
(52行)

50行平坦
袖窿减10针
2-2-5
行针次　　　50行平坦
袖窿减10针
2-2-5
行针次

4cm
(16行)　平收5针　单罗纹　平收5针

30cm
(90针)

16cm
(64行)　减9针
6-1-9
行针次　后片
(10号棒针)
花样　减9针
6-1-9
行针次

3cm
(12行)
3cm
(12行)

双层平针底边　对折缝合

36cm
(108针)

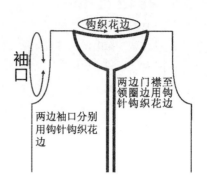

钩织花边

袖口

两边门襟至
领圈边用钩
针钩织花边

两边袖口分别
用钩针钩织花
边

钩针花边

红色大口袋背心裙

【成品尺寸】衣长 45cm　下摆 27cm
【工　　具】10 号棒针 4 支　缝衣针、钩针各 1 支
【材　　料】红色羊毛绒线 300g
【密　　度】10cm² : 26 针 ×38 行
【附　　件】钩花 2 朵

【制作过程】

1. 毛衣用棒针编织，由一片前片、一片后片组成，从下往上编织。

2. 前片：（1）用下针起针法起 18 针，织花样 A，并在两侧加针，方法是：每 2 行加 1 针加 26 次，织至 18cm 时不用加减针，继续编织，侧缝不用加减针，织 14cm 至袖窿。

（2）袖窿以上的编织：两边袖窿平收 4 针后减针，方法是：每 2 行减 1 针减 6 次，各减 6 针，不加不减织 42 行至肩部。

（3）同时从袖窿算起织至 8cm 时，开始开领窝，中间平收 14 针，然后两边减针，方法是：每 2 行减 1 针减 10 次，共减 10 针，不加不减织 12 行至肩部余 8 针。

3. 后片：（1）袖窿和袖窿以下的编织方法与前片袖窿一样。

（2）同时从袖窿算起织至 12cm 时，开始领窝减针，中间平收 26 针，然后两边减 4 针，方法是：每 2 行减 1 针减 4 次，织至肩部余 8 针。

4. 缝合：将前片的侧缝与后片的侧缝对应缝合。前片的肩部与后片的肩部缝合。

5. 袖口：用钩针钩织花边。

6. 领子：领圈边用钩针钩织花边，形成圆领。

7. 下摆用钩针钩织花边。

8. 口袋：起 8 针，织 14cm 花样 B，两边加针，方法是：每 2 行加 1 针加 12 次，缝合到毛衣相应的位置上并在边缘钩织花边。前片缝上钩花。毛衣编织完成。

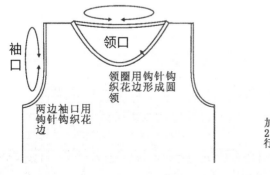

领口

袖口

领圈用钩针钩
织花边形成圆
领

两边袖口用
钩针钩织花
边

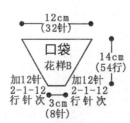

12cm
(32针)

口袋
花样B　14cm
(54行)

加12针
2-1-12
行针次　加12针
2-1-12
行针次

3cm
(8针)

花样 B

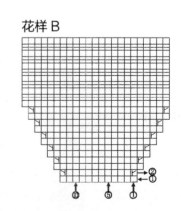

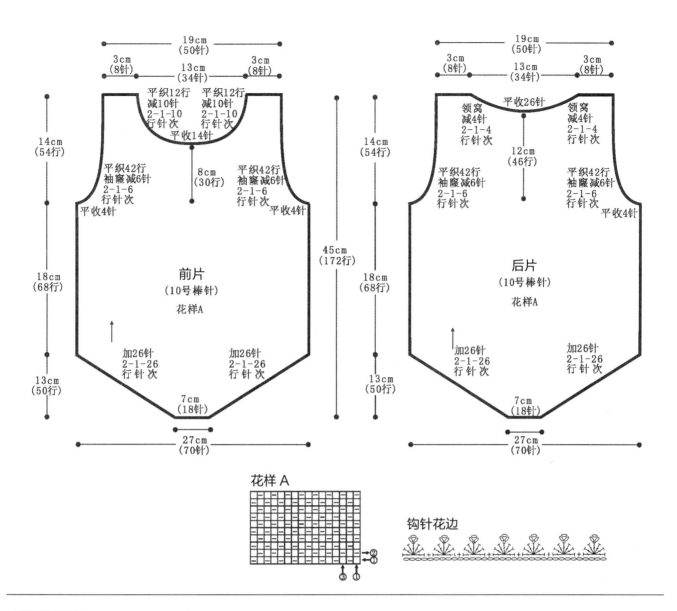

19cm
(50针)
3cm
(8针)
13cm
(34针)
3cm
(8针)

平织12行
减10针
2-1-10
行针次
平织12行
减10针
2-1-10
行针次
平收14针

14cm
(54行)

平织42行
袖窿减6针
2-1-6
行针次
平收4针

8cm
(30行)

平织42行
袖窿减6针
2-1-6
行针次
平收4针

45cm
(172行)

前片
(10号棒针)

花样A

18cm
(68行)

加26针
2-1-26
行针次

加26针
2-1-26
行针次

13cm
(50行)

7cm
(18针)

27cm
(70针)

19cm
(50针)
3cm
(8针)
13cm
(34针)
3cm
(8针)

平收26针
领窝
减4针
2-1-4
行针次
领窝
减4针
2-1-4
行针次

14cm
(54行)

12cm
(46行)

平织42行
袖窿减6针
2-1-6
行针次

平织42行
袖窿减6针
2-1-6
行针次
平收4针

后片
(10号棒针)

花样A

18cm
(68行)

加26针
2-1-26
行针次

加26针
2-1-26
行针次

13cm
(50行)

7cm
(18针)

27cm
(70针)

花样 A

钩针花边

条纹厚毛衣

【成品尺寸】衣长 42cm 　下摆 33cm 　袖长 36cm

【工　　具】10 号棒针 4 支 　缝衣针 1 支

【材　　料】孔雀绿色羊毛绒线 400g

【密　　度】$10cm^2$：28 针 ×36 行

【制作过程】

1. 毛衣用棒针编织，由一片前片、一片后片、两片袖片组成，从下往上编织。

2. 前片：（1）用下针起针法起 92 针，编织 4cm 双罗纹后，改织花样，侧缝不用加减针，织 22cm 至袖窿。

（2）袖窿以上的编织：两边袖窿平收 4 针后减针，方法是：每 2 行减 1 针减 6 次，各减 6 针，不加不减织 46 行至肩部。

（3）同时织至袖窿算起 10cm 时，开始开领窝，中间平收 20 针，然后两边减针，方法是：每 2 行减 1 针减 8 次，各减 8 针，不加不减织 6 行至肩部余 18 针。

3. 后片：（1）用下针起针法起 92 针，编织 4cm 双罗纹后，改织花样，侧缝不用加减针，织 22cm 至袖窿。

（2）袖窿以上的编织：两边袖窿平收 4 针后减针，方法是：每

2 行减 1 针减 6 次，各减 6 针，不加不减织 46 行至肩部。

（3）同时织至从袖窿算起 14cm 时，开始开领窝，中间平收 28 针，然后两边减针，方法是：每 2 行减 1 针减 4 次，至肩部余 18 针。

4. 袖片：用下针起针法起 52 针，织 4cm 双罗纹后，改织花样，袖下加针，方法是：每 4 行加 1 针加 14 次，织至 22cm 时，两边平收 4 针，开始袖山减针，方法是：每 2 行减 2 针减 6 次，每 2 行减 1 针减 12 次，各减 24 针，至顶部余 24 针。

5. 缝合：将前片的侧缝与后片的侧缝对应缝合。前片的肩部与后片的肩部缝合，两边袖片的袖下缝合后，分别与衣片的袖边缝合。

6. 领片：领圈边挑 116 针，圈织 4cm 双罗纹，形成圆领。毛衣编织完成。

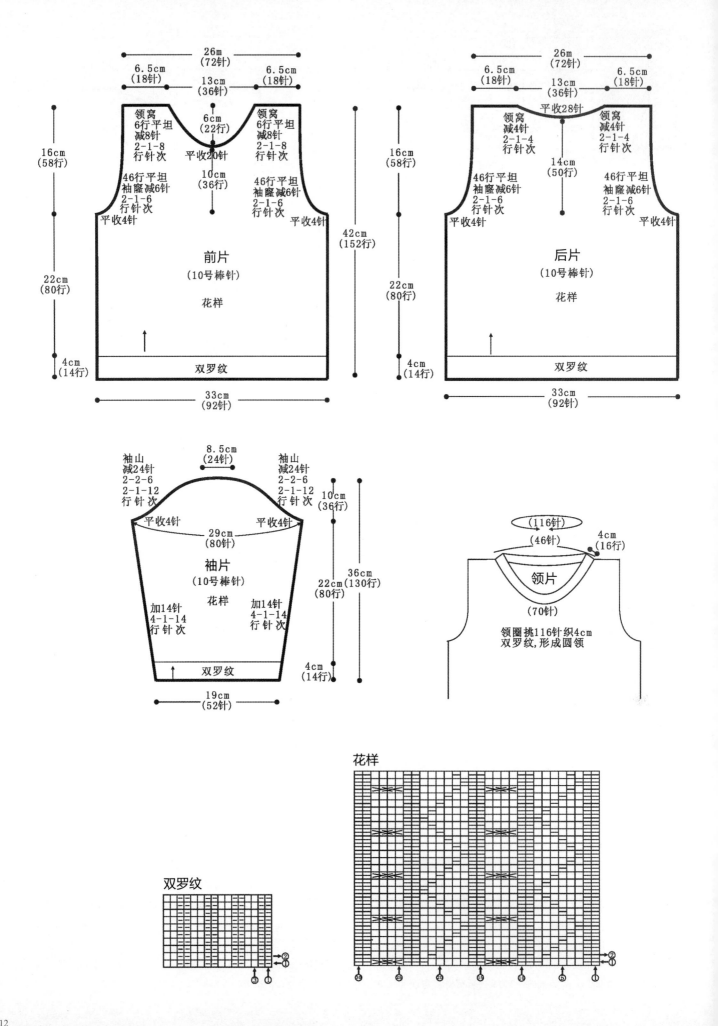

前片
（10号棒针）
花样
双罗纹

后片
（10号棒针）
花样
双罗纹

26m（72针）
6.5cm（18针）
13cm（36针）
6.5cm（18针）
6cm（22行）
领窝6行平坦减8针2-1-8行针次
平收20针
10cm（36行）
46行平坦袖窿减6针2-1-6行针次
平收4针
16cm（58行）
22cm（80行）
4cm（14行）
42cm（152行）
33cm（92针）

平收28针
领窝减4针2-1-4行针次
14cm（50行）
46行平坦袖窿减6针2-1-6行针次
平收4针
16cm（58行）
22cm（80行）
4cm（14行）
33cm（92针）

袖片
（10号棒针）
花样
双罗纹

8.5cm（24针）
袖山减24针2-2-6 2-1-12行针次
平收4针
29cm（80针）
加14针4-1-14行针次
10cm（36行）
36cm（130行）
22cm（80行）
4cm（14行）
19cm（52针）

领片

（116针）
（46针）
4cm（16行）
（70针）
领圈挑116针织4cm双罗纹,形成圆领

花样

双罗纹

112

纯色开衫

【成品尺寸】衣长 37cm　下摆 34cm　袖长 26cm

【工　　具】10 号棒针 4 支　缝衣针 1 支

【材　　料】黄色羊毛绒线 400g

【密　　度】10cm² : 30 针 ×40 行

【附　　件】纽扣 1 枚

【制作过程】

1. 毛衣用棒针编织，由两片前片、一片后片、两片袖片组成，从下往上编织。

2. 前片：分右前片和左前片编织。（1）右前片：用下针起针法起 51 针织花样，侧缝不用加减针，织至 21cm 至袖窿。

（2）袖窿以上的编织：右侧袖窿平收 3 针后减针，方法是：每织 2 行减 1 针减 3 次，共减 3 针，不加不减平织 58 行至袖窿。

（3）门襟处先平收 4 针，然后进行领窝减针，方法是：每 2 行减 2 针减 10 次，不加不减织 12 行至肩部余 21 针。

（4）相同的方法、相反的方向编织左前片。

3. 后片：（1）用下针起针法起 102 针，织花样，侧缝不用加减针，织 21cm 至袖窿。

（2）袖窿以上的编织：袖窿平收 3 针后减针，方法与前片袖窿一样。

（3）同时织至从袖窿算起 13cm 时，开后领窝，中间平收 16 针，

两边各减 5 针，方法是：每 2 行减 1 针减 5 次，织至两边肩部余 21 针。

4. 袖片：从袖口织起，用下针起针法起 66 针，织花样，袖下两边加 12 针，方法是：每 6 行加 1 针加 12 次，编织 18cm 至袖窿。两边平收 3 针后，开始两边袖山减针，方法是：两边分别每 2 行减 3 针减 6 次，每 2 行减 2 针减 3 次，每 2 行减 1 针减 3 次，各减 27 针，编织完 8cm 后余 18 针，收针断线。同样方法编织另一袖片。

5. 缝合：将前片的侧缝与后片的侧缝对应缝合，前后片的肩部对应缝合，两片袖片的袖下缝合后，袖山边线与袖窿边缝合。

6. 领子：领圈边挑 106 针，织 12 行双罗纹，形成开襟圆领。

7. 两个前片口袋另织。起 33 针，织 56 行花样，缝合在前片相应的位置上。

8. 缝衣针缝上纽扣。毛衣编织完成。

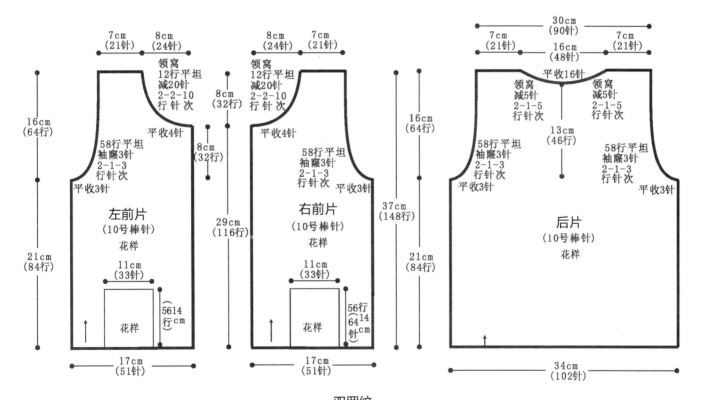

双罗纹

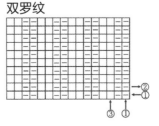

113

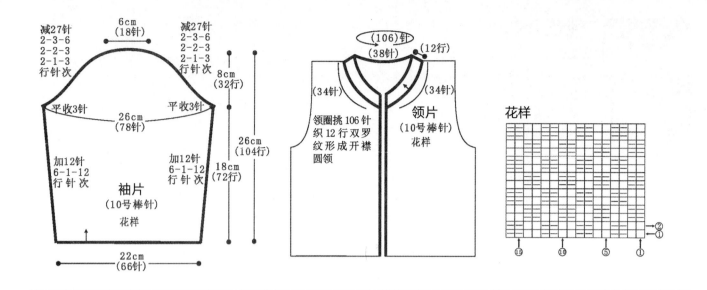

钩花背心

【成品尺寸】衣长 40cm　下摆 31cm

【工　　具】10 号棒针 4 支　缝衣针、钩针各 1 支

【材　　料】白色、黄色羊毛绒线各 150g

【密　　度】10cm² : 30 针 × 40 行

【附　　件】后片装饰图案 1 个

【制作过程】

1. 毛衣用棒针编织，由一片前片、一片后片组成，从下往上编织。

2. 前片：（1）用下针起针法起 94 针，编织 4cm 双罗纹后，侧缝不用加减针，织 21cm 至袖窿。

（2）袖窿以上的编织：两边袖窿平收 4 针后减针，方法是：每 2 行减 2 针减 3 次，各减 6 针，余下针数不加不减织 52 行至肩部。

（3）同时中间留取 2 针待用，开始开领窝，两边减针，方法是：每 2 行减 1 针减 24 次，各减 24 针，不加不减织 12 行至肩部余 12 针。

3. 后片：（1）袖窿和袖窿以下编织方法与前片袖窿一样。

（2）同时织至袖窿算起 13cm 时，开后领窝，中间平收 42 针，两边减针，方法是：每 2 行减 1 针减 4 次，织至两边肩部余 12 针。

4. 缝合：将前片的侧缝与后片的侧缝对应缝合，前片的肩部与后片的肩部缝合。

5. 领片：领圈边用黄色线，挑 128 针，以前片留的 2 针为中点，按 V 领领口花样图解编织 12 行双罗纹，形成 V 领。

6. 袖口：两边袖口用黄色线，分别挑 72 针，织 12 行双罗纹。

7. 用钩针起 40 针辫子针，按花样钩织大花朵，完成后把钩花卷起来，形成大花朵。叶子按花样钩织两片，按原图缝合到前片。缝合后片装饰图案。毛衣编织完成。

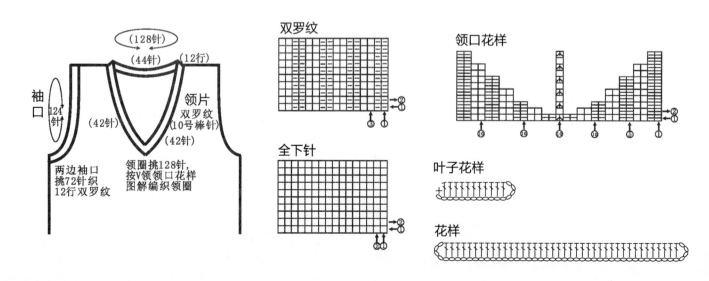

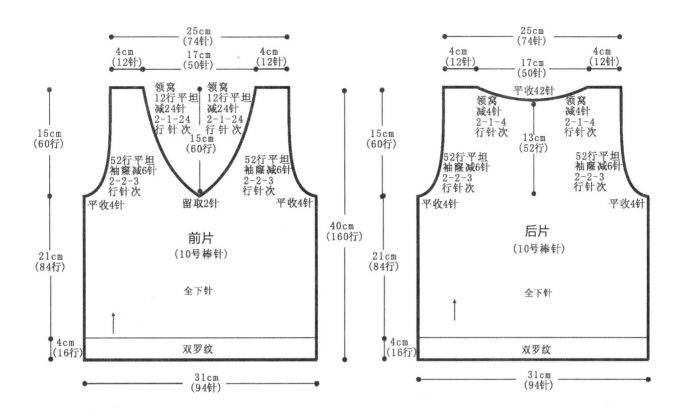

前片（10号棒针）
25cm（74针）
4cm（12针） 17cm（50针） 4cm（12针）
领窝 12行平坦减24针 2-1-24行针次
领窝 12行平坦减24针 2-1-24行针次
15cm（60行）
52行平坦袖窿减6针 2-2-3行针次
52行平坦袖窿减6针 2-2-3行针次
15cm（60行）
平收4针　留取2针　平收4针
40cm（160行）
21cm（84行）
全下针
4cm（16行）
双罗纹
31cm（94针）

后片（10号棒针）
25cm（74针）
4cm（12针） 17cm（50针） 4cm（12针）
平收42针
领窝 减4针 2-1-4行针次
领窝 减4针 2-1-4行针次
13cm（52行）
15cm（60行）
52行平坦袖窿减6针 2-2-3行针次
52行平坦袖窿减6针 2-2-3行针次
平收4针　平收4针
21cm（84行）
全下针
4cm（16行）
双罗纹
31cm（94针）

小花短袖开衫

【成品尺寸】衣长37cm　下摆31cm

【工　　具】10号棒针4支　缝衣针1支

【材　　料】杏色羊毛绒线400g　粉红色、蓝色线少许

【密　　度】10cm² : 30针×40行

【附　　件】纽扣5枚

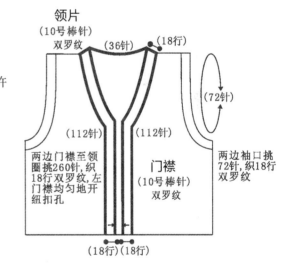

领片
（10号棒针）
双罗纹　（36针）　（18行）
（72针）
（112针）　（112针）
门襟
（10号棒针）
双罗纹
两边门襟至领圈挑260针，织18行双罗纹，左门襟均匀地开纽扣孔
两边袖口挑72针，织18行双罗纹
（18行）（18行）

【制作过程】

1. 毛衣用棒针编织，由两片前片、一片后片组成，从下往上编织。

2. 前片：分右前片和左前片编织。（1）右前片：用下针起针法起46针，先织4cm双罗纹后，改织全下针，侧缝不用加减针，织至18cm至袖窿。

（2）袖窿以上的编织：右侧袖窿平收3针后减针，方法是：每织2行减1针减4次，共减4针，不加不减平织52行至肩部。

（3）同时进行领窝减针，方法是：每2行减1针减21次，不加不减织18行至肩部余18针。

（4）相同的方法、相反的方向编织左前片。

3. 后片：（1）用下针起针法起92针，先织4cm双罗纹后，改织全下针，侧缝不用加减针，织18cm至袖窿。

（2）袖窿以上的编织：袖窿平收3针后减针，方法与前片袖窿一样。

（3）同时织至从袖窿算起13cm时，开后领窝，中间平收34针，两边各减4针，方法是：每2行减1针减4次，织至两边肩部余18针。

4. 缝合：将前片的侧缝与后片的侧缝对应缝合，前后片的肩部

对应缝合。

5. 袖口：两边袖口分别挑72针，圈织18行双罗纹。同样方法编织另一袖口。

6. 领子：两边门襟至领圈边挑260针，织18行双罗纹，左边门襟均匀地开纽扣孔。形成开襟V领。

7. 用缝衣针缝上纽扣。用粉红色线和蓝色线钩织花瓣，装饰前片。毛衣编织完成。

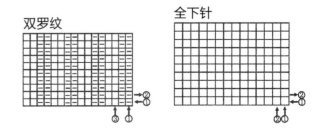

双罗纹　　　　全下针

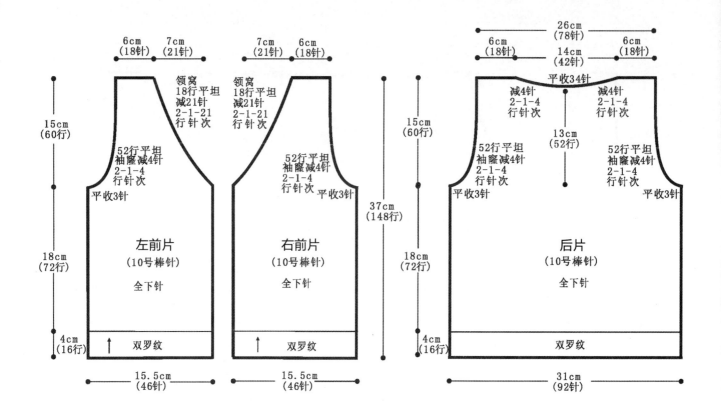

简约立领毛衣

【成品尺寸】衣长 46cm　下摆 33cm　连肩袖长 43cm

【工　　具】10 号棒针 4 支　缝衣针 1 支

【材　　料】浅蓝色羊毛绒线 400g

【密　　度】10cm² : 26 针 × 34 行

【制作过程】

1. 毛衣用棒针编织，由一片前片、一片后片、两片袖片组成，从上往下编织。

2. 领口环形片：从领圈起织，用下针起针法起 96 针，圈织 4cm 双罗纹形成圆领，并开始分前后片和两边袖片，每分片的中间留 2 针径，并在两边加针，方法是：每 2 行加 1 针加 24 次，织完 18cm 时，织片的针数 288 针，环形片完成。

3. 开始分出前片、后片和两片袖片。（1）前片：分出 80 针，两边各平加 3 针至 86 针，继续织花样，织 24cm 后，改织 4cm

双罗纹，侧缝不用加减针，收针断线。

（2）后片：分出 80 针，编织方法与前片一样，编织全上针。

（3）左右袖片：左袖片分出 64 针织花样，袖下减针，方法是：每 4 行减 1 针减 14 次，织至 21cm 后，改织 4cm 双罗纹，收针断线。同样方法编织右袖片。

4. 缝合：将前片的侧缝和后片的侧缝缝合，两袖片的袖下分别缝合。毛衣编织完成。

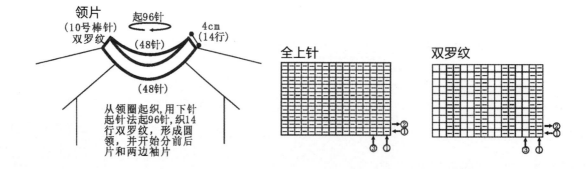

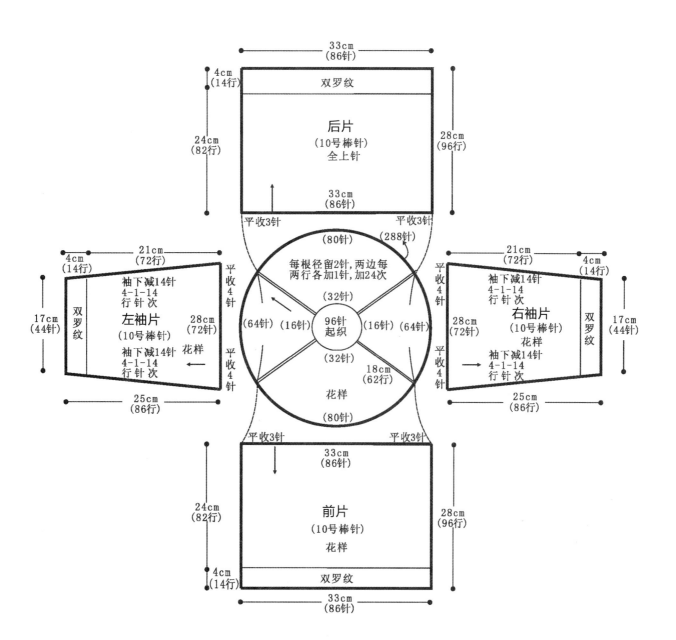

后片
（10号棒针）
全上针

33cm（86针）

4cm（14行）
双罗纹

24cm（82行）

28cm（96行）

33cm（86针）

平收3针　　平收3针

（80针）　（288针）

每根径留2针，两边每
两行各加1针，加24次

（32针）

（64针）（16针）　96针
起织　（16针）（64针）

（32针）

花样

（80针）

平收3针　　平收3针

左袖片
（10号棒针）
花样

4cm（14行）
21cm（72行）

袖下减14针
4-1-14
行针次

双罗纹

17cm（44行）

28cm（72针）

袖下减14针
4-1-14
行针次

平收4针

平收4针

25cm（86行）

右袖片
（10号棒针）
花样

21cm（72行）
4cm（14行）

袖下减14针
4-1-14
行针次

双罗纹

28cm（72针）

袖下减14针
4-1-14
行针次

17cm（44行）

平收4针

平收4针

25cm（86行）

18cm（62行）

前片
（10号棒针）
花样

平收3针　　平收3针

33cm（86针）

24cm（82行）

28cm（96行）

双罗纹

4cm（14行）

33cm（86针）

花样

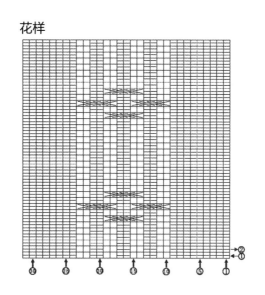

波浪边毛衣

【成品尺寸】衣长 39cm　下摆 29cm　袖长 34cm

【工　　具】10 号棒针 4 支　缝衣针、钩针各 1 支

【材　　料】玫红色羊毛绒线 400g

【密　　度】10cm² : 32 针 ×44 行

【制作过程】

1. 毛衣用棒针编织，由一片前片、一片后片、两片袖片组成，从下往上编织。

2. 前片:（1）用下针起针法起 92 针，织花样，侧缝不用加减针，织 22cm 至袖窿。

（2）袖窿以上的编织:两边袖窿平收 4 针后，不加不减织 17cm 至肩部。

（3）同时织至袖窿算起 10cm 时，开始开领窝，中间平收 20 针，然后两边减针，方法是:每 2 行减 2 针减 6 次，各减 6 针，不加不减织 18 行至肩部余 20 针。

3. 后片:（1）用下针起针法起 92 针，织花样，侧缝不用加减针，织 22cm 至袖窿。

（2）袖窿以上的编织:两边袖窿平收 4 针后，不加不减织 17cm 至肩部。

（3）同时织至从袖窿算起 15cm 时，开始开领窝，中间平收 36 针，然后两边减针，方法是:每 2 行减 1 针减 4 次，至肩部余 20 针。

4. 袖片:用下针起针法起 56 针，织花样，袖下加针，方法是:每 10 行加 1 针加 10 次，织至 25cm 时，两边平收 4 针，开始袖山减针，方法是:每 2 行减 2 针减 5 次，每 2 行减 1 针减 14 次，各减 24 针，至顶部余 20 针。

5. 缝合:将前片的侧缝与后片的侧缝对应缝合。前片的肩部与后片的肩部缝合，两边袖片的袖下缝合后，分别与衣片的袖边缝合。

6. 领口、两边袖口和下摆分别用钩针钩织花边。毛衣编织完成。

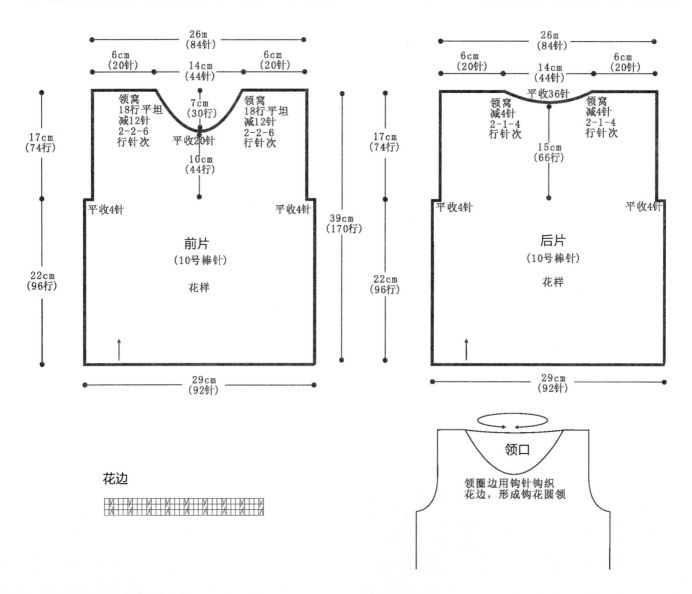

花边

领口

领圈边用钩针钩织花边，形成钩花圆领

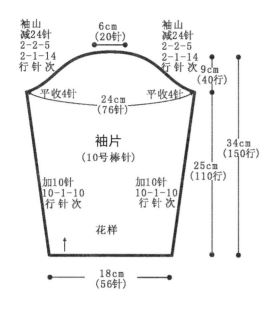

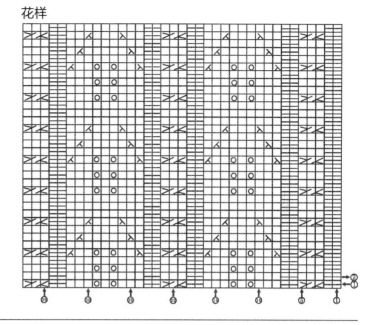

袖山
减24针
2-2-5
2-1-14
行针次

6cm
(20针)

袖山
减24针
2-2-5
2-1-14
行针次

9cm
(40行)

平收4针   24cm   平收4针
(76针)

袖片
(10号棒针)

34cm
(150行)

25cm
(110行)

加10针   加10针
10-1-10   10-1-10
行针次   行针次

花样

18cm
(56针)

花样

紫色大纽扣毛衣

【成品尺寸】衣长 40cm 下摆 37cm
【工　　具】10 号棒针 4 支 缝衣针 1 支
【材　　料】紫色羊毛绒线 300g
【密　　度】10cm² : 30 针 × 40 行
【附　　件】纽扣 3 枚

【制作过程】
1. 毛衣用棒针编织,由两片前片、一片后片组成,从下往上编织。
2. 前片:分右前片和左前片编织。(1)右前片:用下针起针法起 55 针,织花样 A,下摆自然形成波纹,其中门襟的 6 针织花样 B,侧缝不用加减针,织至 24cm 至袖窿。
(2)袖窿以上的编织:右侧袖窿平收 5 针后减针,方法是:每织 2 行减 1 针减 8 次,共减 8 针,不加不减平织 48 行至肩部。
(3)同时织至从袖窿算起 8cm 时进行领窝减针,门襟处平收 6 针后减针,方法是:每 2 行减 2 针减 9 次,不加不减织至肩部余 18 针。
(4)相同的方法、相反的方向编织左前片,并均匀地开纽扣孔。
3. 后片:(1)用下针起针法起 110 针,织花样 A,下摆自然形成波纹,侧缝不用加减针,织 24cm 至袖窿。
(2)袖窿以上的编织:袖窿平收 5 针后减针,方法与前片袖窿一样。
(3)同时织至从袖窿算起 14cm 时,开后领窝,中间平收 40 针,两边各减 4 针,方法是:每 2 行减 1 针减 4 次,织至两边肩部余 18 针。

花样 A

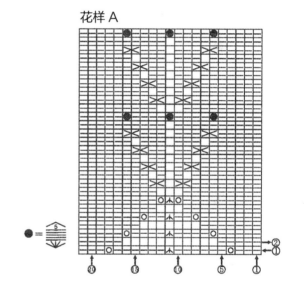

● = ⬒⬒⬒ 5

4. 缝合:将前片的侧缝与后片的侧缝对应缝合,前后片的肩部对应缝合。
5. 袖口:两边袖口分别挑 60 针,圈织 8 行双罗纹。同样方法编织另一袖口。
6. 领子:领圈边挑 88 针,织 8 行双罗纹,形成圆领。
7. 用缝衣针缝上纽扣。毛衣编织完成。

花样 B

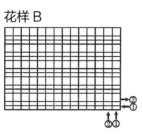

双罗纹

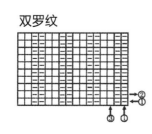

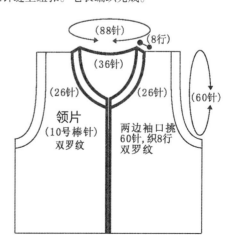

(88针) (8行)
(36针)
(26针)   (26针)   (60针)

领片
(10号棒针)
双罗纹

两边袖口挑
60针,织8行
双罗纹

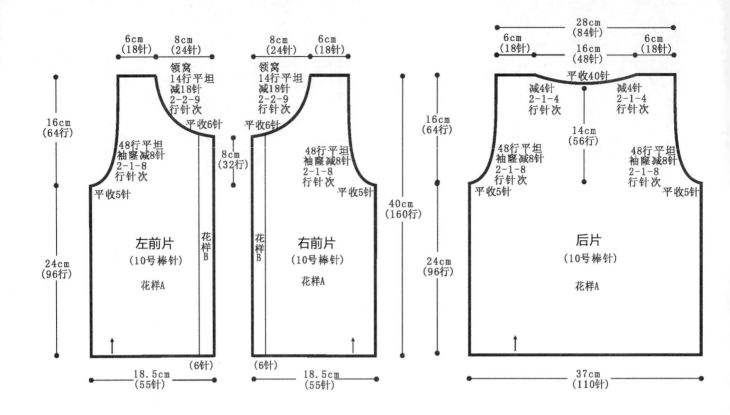

6cm
(18针)
8cm
(24针)
8cm
(24针)
6cm
(18针)

领窝
14行平坦
减18针
2-2-9
行针次
平收6针

领窝
14行平坦
减18针
2-2-9
行针次
平收6针

16cm
(64行)

48行平坦
袖窿减8针
2-1-8
行针次
平收5针

8cm
(32行)

48行平坦
袖窿减8针
2-1-8
行针次
平收5针

左前片
(10号棒针)

花样A

花样
B

花样
B

右前片
(10号棒针)

花样A

40cm
(160行)

16cm
(64行)

24cm
(96行)

24cm
(96行)

18.5cm
(55针)

(6针)

(6针)

18.5cm
(55针)

28cm
(84针)

6cm
(18针)
16cm
(48针)
6cm
(18针)

平收40针

减4针
2-1-4
行针次

减4针
2-1-4
行针次

16cm
(64行)

48行平坦
袖窿减8针
2-1-8
行针次
平收5针

14cm
(56行)

48行平坦
袖窿减8针
2-1-8
行针次
平收5针

后片
(10号棒针)

花样A

40cm
(160行)

24cm
(96行)

37cm
(110针)

米色休闲毛衣

【成品尺寸】衣长 43cm 下摆 29cm 袖长 36cm

【工　　具】10 号棒针 4 支　缝衣针 1 支

【材　　料】米色羊毛绒线 400g

【密　　度】10cm² : 32 针 × 42 行

【制作过程】

1. 毛衣用棒针编织,由一片前片、一片后片、两片袖片组成,从下往上编织。

2. 前片:(1)用下针起针法起 92 针,编织 4cm 双罗纹后,改织花样,侧缝不用加减针,织 21cm 至袖窿。

(2)袖窿以上的编织:两边袖窿平收 4 针后减针,方法是:每 2 行减 1 针减 4 次,各减 4 针,不加不减织 68 行至肩部。

(3)同时织至袖窿算起 11cm 时,开始开领窝,中间平收 20 针,然后两边减针,方法是:每 2 行减 1 针减 10 次,各减 10 针,不加不减织 10 行至肩部余 18 针。

3. 后片:(1)用下针起针法起 92 针,编织 4cm 双罗纹后,改织花样,侧缝不用加减针,织 21cm 至袖窿。

(2)袖窿以上的编织:两边袖窿平收 4 针后减针,方法是:每 2 行减 1 针减 4 次,各减 4 针,不加不减织 68 行至肩部。

(3)同时织至从袖窿算起 16cm 时,开始开领窝,中间平收 36 针,然后两边减针,方法是:每 2 行减 1 针减 4 次,至肩部余 18 针。

4. 袖片:用下针起针法起 56 针,织 4cm 双罗纹后,改织花样,袖下加针,方法是:每 4 行加 1 针加 18 次,织至 22cm 时,两边平收 4 针,开始袖山减针,方法是:每 2 行减 2 针减 6 次每 2 行减 1 针减 14 次,各减 26 针,至顶部余 32 针。

5. 缝合:将前片的侧缝与后片的侧缝对应缝合,前片的肩部与后片的肩部缝合,两边袖片的袖下缝合后,分别与衣片的袖边缝合。

6. 领片:领圈边挑 116 针,圈织 4cm 双罗纹,形成圆领。毛衣编织完成。

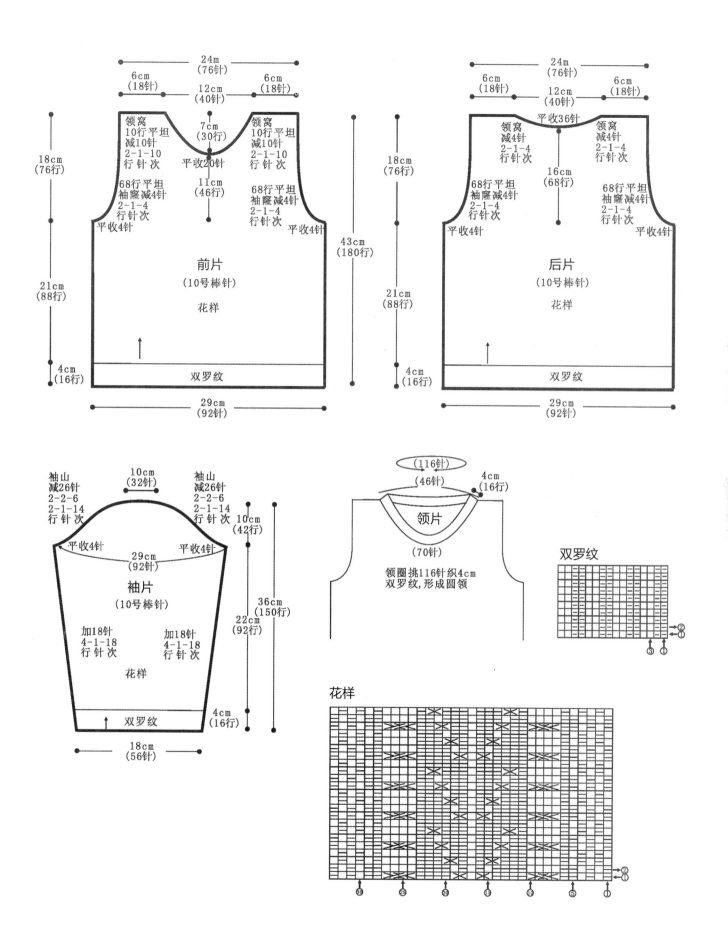

24㎝
(76针)
6cm
(18针)
12cm
(40针)
6cm
(18针)
领窝
10行平坦
减10针
2-1-10
行针次
7cm
(30行)
领窝
10行平坦
减10针
2-1-10
行针次
平收20针
18cm
(76行)
68行平坦
袖窿减4针
2-1-4
行针次
平收4针
11cm
(46行)
68行平坦
袖窿减4针
2-1-4
行针次
平收4针
43cm
(180行)
前片
(10号棒针)
花样
21cm
(88行)
4cm
(16行)
双罗纹
29cm
(92针)

24㎝
(76针)
6cm
(18针)
12cm
(40针)
6cm
(18针)
平收36针
领窝
减4针
2-1-4
行针次
领窝
减4针
2-1-4
行针次
16cm
(68行)
18cm
(76行)
68行平坦
袖窿减4针
2-1-4
行针次
平收4针
68行平坦
袖窿减4针
2-1-4
行针次
平收4针
后片
(10号棒针)
花样
21cm
(88行)
4cm
(16行)
双罗纹
29cm
(92针)

袖山
减26针
2-2-6
2-1-14
行针次
10cm
(32针)
袖山
减26针
2-2-6
2-1-14
行针次
平收4针
29cm
(92针)
平收4针
10cm
(42行)
袖片
(10号棒针)
加18针
4-1-18
行针次
加18针
4-1-18
行针次
花样
36cm
(150行)
22cm
(92行)
4cm
(16行)
双罗纹
18cm
(56针)

(116针)
(46针)
4cm
(16行)
领片
(70针)
领圈挑116针织4cm
双罗纹,形成圆领

双罗纹

花样

121

娃娃领毛衣

【成品尺寸】衣长39cm　胸围29cm　袖长34cm

【工　　具】10号棒针4支　缝衣针1支

【材　　料】红色羊毛绒线300g　白色线少许

【密　　度】10cm²：30针×40行

【附　　件】纽扣7枚

【制作过程】

1. 毛衣用棒针编织，由两片前片、一片后片、两片袖片组成，从下往上编织。

2. 前片：分右前片和左前片编织。右前片：（1）用下针起针法起54针，先织2cm花样，然后改织全下针，其中门襟边的18针继续织花样，侧缝不用加减针，织21cm至袖窿。

（2）袖窿以上的编织：袖窿平收4针后减针，方法是：每2行减2针减4次，共减8针，不加不减织56行至肩部。

（3）同时从袖窿算起织至8cm时，门襟平收18针后，开始领窝减针，方法是：每2行减1针减6次，不加不减织20行至肩部余18针。

（4）相同的方法、相反的方向编织左前片，并均匀地开纽扣孔。

3. 后片：（1）先用下针起针法起88针，先织2cm花样，然后改织全下针，侧缝不用加减针，织至21cm至袖窿。

（2）袖窿以上的编织：袖窿两边平收4针后减针，方法与前片袖窿一样。

（3）同时从袖窿算起织至14cm时，开后领窝，中间平收20针，两边减针，方法是：每2行减1针减4次，织至两边肩部余18针。

4. 袖片：（1）从袖口织起，用下针起针法起60针，先织2cm花样，然后改织全下针，袖下加针，方法是：每10行加1针加9次，编织24cm至袖窿。

（2）袖窿两边平收4针后，开始袖山减针，方法是：每4行减2针减8次，编织完8cm后余38针，收针断线。同样方法编织另一袖片。

5. 缝合：将前片的侧缝与后片的侧缝对应缝合，再将两袖片的袖下缝合后，袖山边线与衣身的袖窿边对应缝合。

6. 领片：领圈边挑98针，织7cm花样，收针断线，形成开襟翻领。

7. 口袋按花样另织，缝合到前片相应的位置。前领衬边用白色线另织，起114针，织12cm全下针，打皱褶缝合到前领。

8. 缝上纽扣。毛衣编织完成。

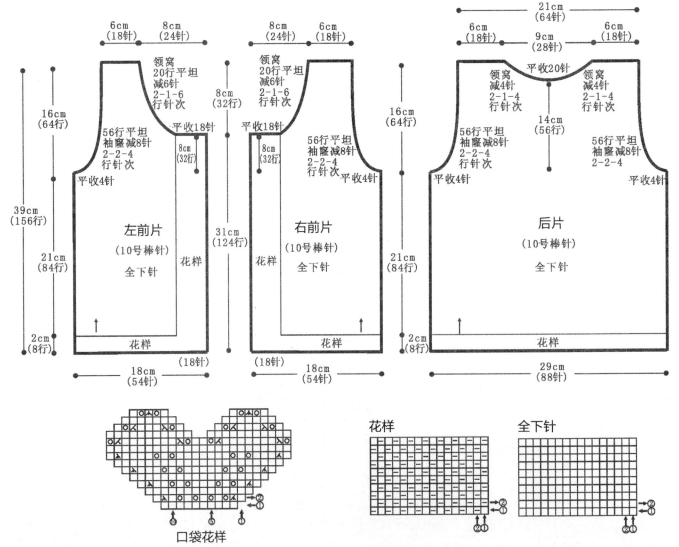

口袋花样　　花样　　全下针

122

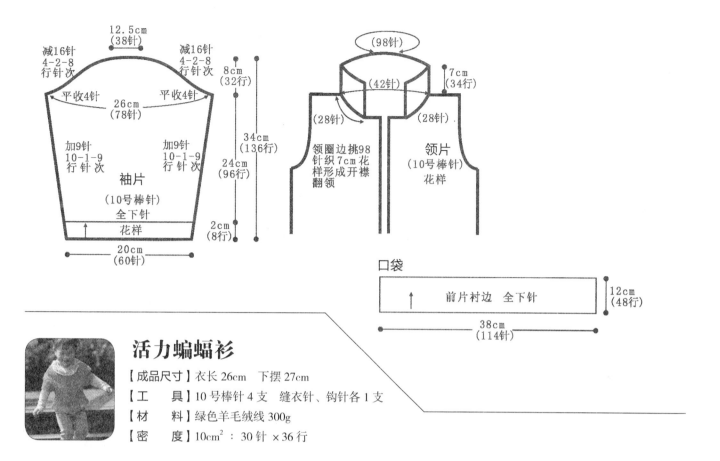

减16针
4-2-8
行针次

12.5cm
(38针)

减16针
4-2-8
行针次

8cm
(32行)

平收4针

平收4针

26cm
(78针)

34cm
(136行)

加9针
10-1-9
行针次

加9针
10-1-9
行针次

袖片
(10号棒针)
全下针

24cm
(96行)

花样

2cm
(8行)

20cm
(60针)

(98针)

(42针)

7cm
(34行)

(28针)

(28针)

领圈边挑98
针织7cm花
样形成开襟
翻领

领片
(10号棒针)
花样

口袋

前片衬边　全下针

12cm
(48行)

38cm
(114针)

活力蝙蝠衫

【成品尺寸】衣长 26cm　下摆 27cm

【工　　具】10 号棒针 4 支　缝衣针、钩针各 1 支

【材　　料】绿色羊毛绒线 300g

【密　　度】10cm² ：30 针 ×36 行

【制作过程】

1. 毛衣用棒针编织，由一片前片、一片后片、两片肩片组成。

2. 前片：下针起针法起 82 针，织 12cm 花样 B，收针断线。同样方法编织后片。

3. 左右肩片：左肩片：下针起针法按编织方向起 50 针，织花样 A，织至 23cm 时开始在一边减针，方法是：每 2 行减 2 针

减 10 次，每 2 行减 1 针减 30 次，织 21cm 时针数全部减完。同样方法对称编织右肩片。

4. 缝合：左右肩片分别按结构图缝合，其中 A 与 B 缝合、C 与 D 缝合、E 与 F 缝合、G 与 H 缝合，形成衣服的整体形状。

5. 领圈边和下摆分别用钩针钩织花边。毛衣编织完成。

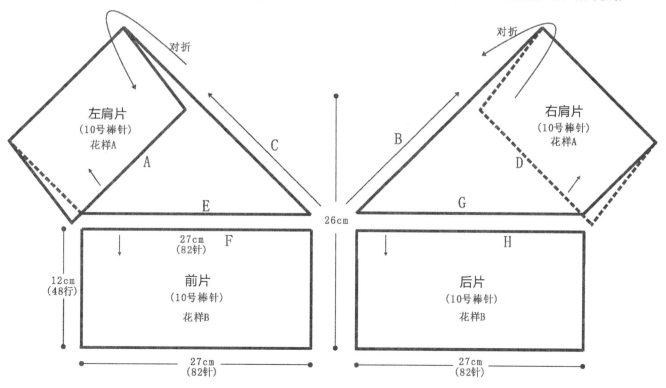

对折

左肩片
(10号棒针)
花样A

对折

右肩片
(10号棒针)
花样A

C

B

A

D

E

26cm

G

27cm
(82针)

F

前片
(10号棒针)
花样B

12cm
(48行)

H

后片
(10号棒针)
花样B

27cm
(82针)

27cm
(82针)

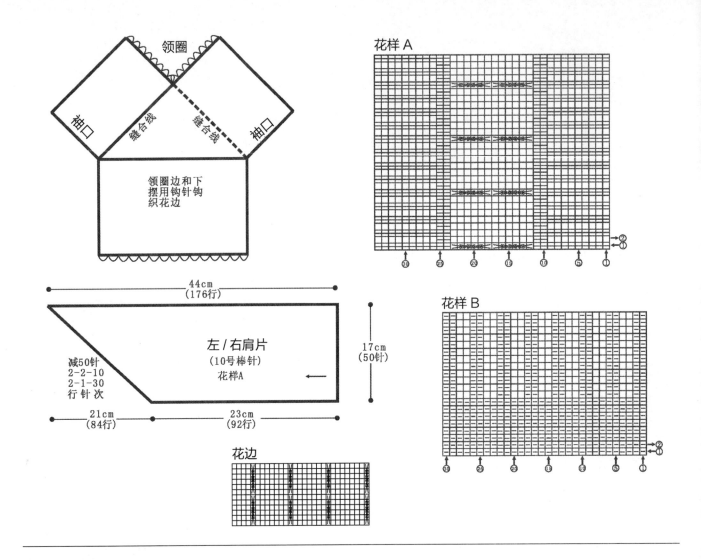

翻领毛衣裙

【成品尺寸】衣长 47cm　下摆 32cm　连肩袖长 15cm

【工　　具】10 号棒针 4 支　缝衣针 1 支

【材　　料】玫红色羊毛绒线 400g

【密　　度】10cm² : 30 针 × 40 行

【制作过程】

1. 毛衣用棒针编织，由一片前片、一片后片组成，从上往下编织。

2. 领口环形片：用下针起针法起 160 针，环织花样 A，并按花样 A 分两层在上针处加针，第一层每 2 针加 1 针至 240 针，第二层每 3 针加 1 针至 320 针，共加 160 针，此时织片的针数为 320 针，环形片完成。

3. 开始分出前片、后片和两片袖片：（1）前片：分出 88 针，并在两边各平加 4 针，共 96 针，改织花样 B，侧缝不用加减针，

织至 29cm 时改织 6cm 花样 C，收针断线。

（2）后片：分出 88 针，编织方法与前片一样。

4. 袖口：左袖片分出 72 针，继续编织 3cm 花样 A，收针断线。同样方法编织右袖片。

5. 缝合：将前片的侧缝和后片的侧缝缝合，两袖口的袖下分别缝合。

6. 领片：分左右两片编织，分别起 80 针，织 32 行花样 B，形成翻领。毛衣编织完成。

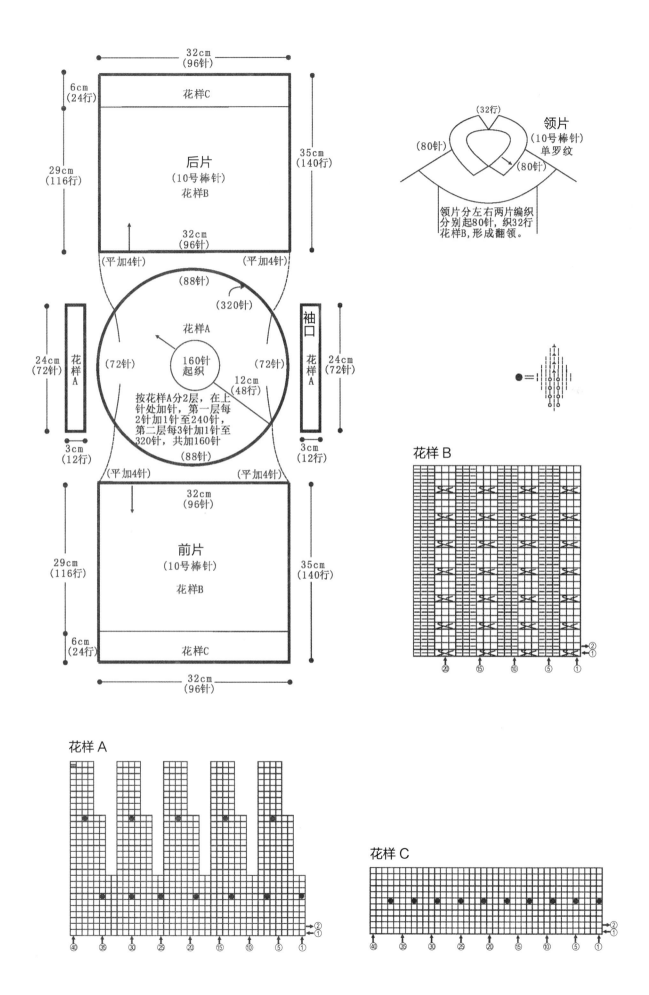

32cm
(96针)

6cm
(24行)
花样C

35cm
(140行)

29cm
(116行)
后片
(10号棒针)
花样B

32cm
(96针)

(平加4针)   (平加4针)

(88针)

(320针)

花样A

24cm
(72针)
花样A

(72针)   160针
起织   (72针)

袖口

3cm
(12行)
花样A

24cm
(72针)

3cm
(12行)

12cm
(48行)

按花样A分2层,在上
针处加针,第一层每
2针加1针至240针,
第二层每3针加1针至
320针,共加160针。

(88针)

(平加4针)   (平加4针)

32cm
(96针)

29cm
(116行)
前片
(10号棒针)

花样B

35cm
(140行)

6cm
(24行)
花样C

32cm
(96针)

(32行)

领片
(10号棒针)
单罗纹

(80针)   (80针)

领片分左右两片编织
分别起80针,织32行
花样B,形成翻领。

花样 B

花样 A

花样 C

125

暖色休闲外套

【成品尺寸】衣长43cm　下摆34cm　袖长30cm

【工　　具】10号棒针4支　缝衣针1支

【材　　料】黄色羊毛绒线300g

【密　　度】10cm² ：30针×40行

【附　　件】纽扣4枚

【制作过程】

1.毛衣用棒针编织，由两片前片、一片后片、两片袖片组成，从下往上织。

2.前片：分右前片和左前片编织。右前片：（1）先用下针起针法起51针，先编织5cm单罗纹后，改织花样，侧缝不用加减针，织19cm至袖窿。

（2）袖窿以上的编织：袖窿平收5针后减针，方法是：每2行减2针减4次，不加不减织68行至肩部。

（3）同时从袖窿算起织至13cm时，门襟平收4针后，开始领窝减针，方法是：每2行减2针减7次，每2行减1针减4次，不加不减织至肩部余16针。

（4）相同的方法、相反的方向编织左前片，并均匀地开纽扣孔。

3.后片：（1）先用下针起针法起102针，先编织5cm单罗纹后，改织花样，侧缝不用加减针，织至19cm至袖窿。

（2）袖窿以上的编织：袖窿两边平收5针后减针，方法与前片袖窿一样。

（3）同时从袖窿算起至织至17cm时，开后领窝，中间平收34针，两边减针，方法是：每2行减1针减4次，织至两边肩部余16针。

4.袖片：（1）从袖口织起，用下针起针法起54针，先织5cm单罗纹后，改织花样，袖下加针，方法是：每4行加1针加12次，编织17cm至袖窿。

（2）袖窿平收5针后，开始袖山减针，方法是：每2行减1针减16次，编织完8cm后余36针，收针断线。同样方法编织另一袖片。

5.缝合：将前片的侧缝与后片的侧缝对应缝合，再将两袖片的袖下缝合后，袖山边线与衣身的袖窿边对应缝合。

6.领子：领圈边挑120针，织5cm单罗纹，收针断线，形成翻领。

7.缝上纽扣。毛衣编织完成。

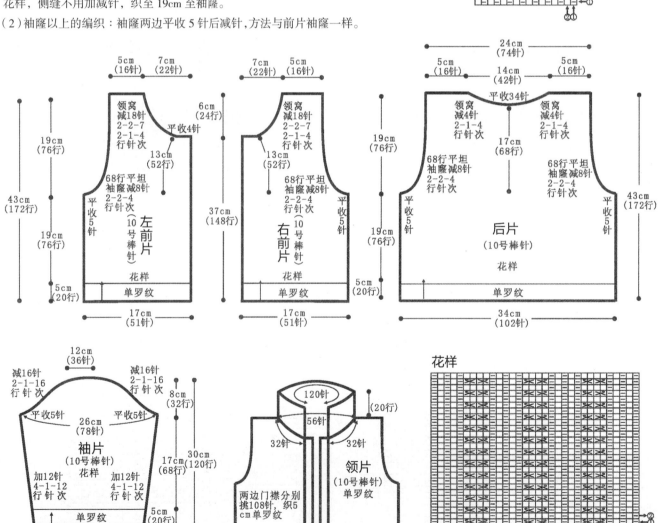

大蝴蝶结背心

【成品尺寸】衣长40cm 下摆26cm
【工 具】10号棒针4支 缝衣针1支
【材 料】红色羊毛绒线300g
【密 度】10cm²：30针×40行
【附 件】装饰亮珠若干

【制作过程】
1.毛衣用棒针编织，由一片前片、一片后片组成，从下往上编织。

2.前片：（1）用下针起针法起78针，编织4cm双罗纹后，改织花样A，侧缝不用加减针，织21cm至袖窿。

（2）袖窿以上的编织：两边袖窿平收3针后减针，方法是：每2行减2针减4次，各减8针，余下针数不加不减织52行至肩部。

（3）同时中间留取2针待用，开始开领窝，两边减针，方法是：每2行减1针减16次，各减16针，不加不减织28行织至肩部余10针。

3.后片：（1）袖窿和袖窿以下编织方法与前片袖窿一样，后片编织花样B。

（2）同时织至袖窿算起13cm时，开后领窝，中间平收26针，两边减针，方法是：每2行减1针减4次，织至两边肩部余10针。

4.缝合：将前片的侧缝与后片的侧缝对应缝合，前片的肩部与后片的肩部缝合。

5.领片：领圈边挑176针，以前片留的2针为中点，按V领领口花样图解编织12行双罗纹，形成V领。

6.袖口：两边袖口分别挑124针，织12行双罗纹。

7.前片蝴蝶结另织，起30针，先按图解织16行双层褶边，对折缝合后，继续织15cm，最后16行对折缝合成双层褶边，中间打皱褶后，缝合到前片相应的位置，并缝上亮珠。毛衣编织完成。

领口花样

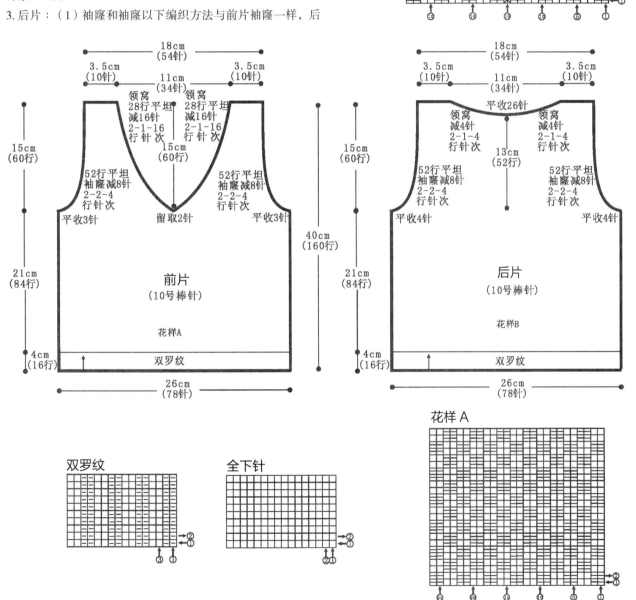

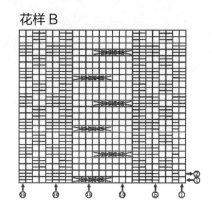

花样 B

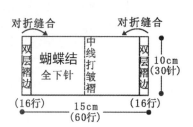

对折缝合　　　　　　对折缝合

| 双层褶边 | 蝴蝶结 全下针 | 中线打皱褶 | 双层褶边 | 10cm（30针） |
| （16行） | 15cm（60行） | | （16行） | |

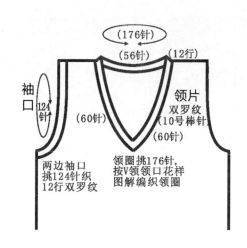

（176针）
（56针）　（12行）

袖口 124针

领片 双罗纹（10号棒针）（60针）

（60针）

两边袖口挑124针织12行双罗纹

领圈挑176针，按V领领口花样图解编织领圈

翻领小背心

【成品尺寸】衣长46cm　胸围30cm

【工　　具】10号棒针4支　缝衣针、钩针各1支

【材　　料】白色羊毛绒线200g　玫红色线少许

【密　　度】10cm²：30针×40行

【附　　件】领片钩织花朵2朵

【制作过程】

1. 毛衣用棒针编织，由一片前片、一片后片、两片袖片组成，从下往上编织。

2. 前片：（1）用下针起针法起90针，用玫红色线织2cm双罗纹后，改用白色线织花样，侧缝不用加减针，织26cm至袖窿。

（2）袖窿以上的编织：两边袖窿平收6针后减针，方法是：每2行减2针减3次，各减6针，不加不减织66行至肩部。

（3）同时织至袖窿算起10cm时，开始开领窝，以中间为中点，然后两边减针，方法是：每2行减2针减6次，每2行减1针减6次，各减18针，不加不减织8行至肩部余15针。

3. 后片：（1）用下针起针法起90针，编织2cm双罗纹后，改织花样，侧缝不用加减针，织26cm至袖窿。

（2）袖窿以上的编织：两边袖窿平收6针后减针，方法是：每

2行减2针减3次，各减6针，不加不减织66行至肩部。

（3）同时织至袖窿算起16cm时，开始开领窝，中间平收28针，然后两边减针，方法是：每2行减1针减4次，至肩部余15针。

4. 袖片：用下针起针法起48针，织花样，同时两边袖山减针，方法是：每2行减1针减12次，织6cm至顶部余24针。

5. 缝合：将前片的侧缝与后片的侧缝对应缝合，前片的肩部与后片的肩部缝合，两边袖片分别与衣片的袖边缝合。

6. 领片：领圈边挑114针，以前片中间为中心，片织7cm花样，形成套头翻领，并用玫红色线在领片外边挑186针，织8行双罗纹。

7. 两边袖口用玫红色线挑64针，织8行双罗纹。毛衣编织完成。

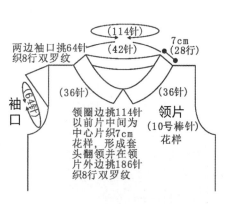

（114针）
（42针）　7cm（28行）

两边袖口挑64针织8行双罗纹

袖口 64针

（36针）（36针）

领片 领圈边挑114针以前片中间为中心片织7cm花样，形成套头翻领并在领片外边挑186针织8行双罗纹

领片（10号棒针）花样

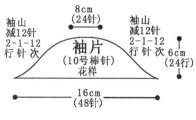

8cm（24针）

袖山减12针2-1-12行针次

袖片（10号棒针）花样

袖山减12针2-1-12行针次　6cm（24行）

16cm（48针）

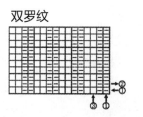

双罗纹

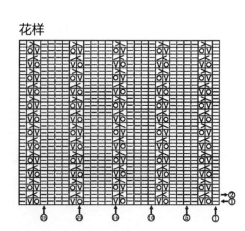

花样

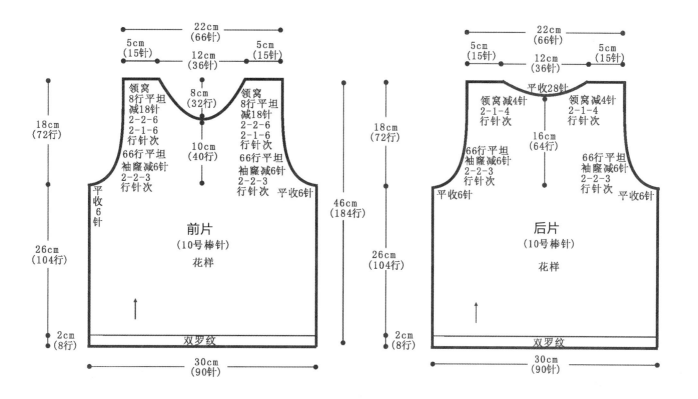

紫色高领毛衣

【成品尺寸】衣长 41cm　胸围 30cm　袖长 35cm

【工　　具】10 号棒针 4 支　缝衣针 1 支

【材　　料】深紫色羊毛绒线 400g

【密　　度】10cm² ：34 针 ×34 行

【制作过程】

1. 毛衣用棒针编织，由一片前片、一片后片、两片袖片组成，从下往上编织。

2. 前片：（1）用下针起针法起 102 针，先织 6cm 双罗纹后，改织花样 A，侧缝不用加减针，织 21cm 至袖窿。

（2）袖窿以上的编织：两边袖窿平收 6 针后减针，方法是：每 2 行减 1 针减 8 次，各减 8 针，余下针数不加不减织 32 行至肩部。

（3）同时从袖窿算起织织 10cm 时，开始领窝减针，中间平收 20 针，然后两边减针，方法是： 每 2 行减 2 针减 5 次，各减 10 针，平织 4 行至肩部余 17 针。

3. 后片：（1）织花样 B，袖窿和袖窿以下编织方法与前片袖窿一样。

（2）同时织至袖窿算起 12cm 时，开后领窝，中间平收 32 针，两边减针，方法是：每 2 行减 1 针减 4 次，织至两边肩部余 17 针。

4. 袖片：用下针起针法起 48 针，先织 6cm 双罗纹后，分散加 8 针至针数为 56 针，继续编织双罗纹，袖下加针，方法是：每 8 行加 1 针加 8 次，织 19cm 后，两边各平收 4 针，开始袖山减针，方法是：每 2 行减 2 针减 7 次，每 2 行减 1 针减 10 次，织 34 行至顶部余 16 针。

5. 缝合：将前片的侧缝与后片的侧缝对应缝合，前片的肩部与后片的肩部缝合，两边袖片的袖下缝合后，分别与衣片的袖边缝合。

6. 领片：领圈边挑 100 针，圈织 12cm 双罗纹，形成高领。毛衣编织完成。

双罗纹

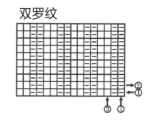

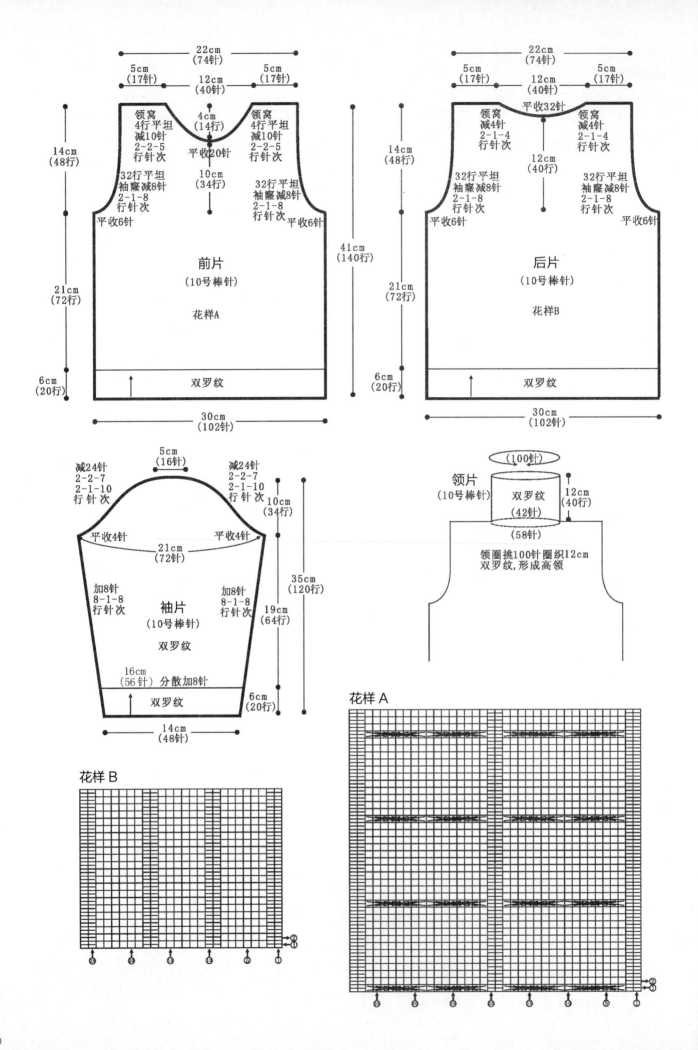

22cm
(74针)
5cm
(17针)
12cm
(40针)
5cm
(17针)

领窝
4行平坦
减10针
2-2-5
行针次

4cm
(14行)

平收20针

领窝
4行平坦
减10针
2-2-5
行针次

14cm
(48行)

32行平坦
袖窿减8针
2-1-8
行针次

10cm
(34行)

32行平坦
袖窿减8针
2-1-8
行针次

平收6针

平收6针

前片
(10号棒针)

花样A

41cm
(140行)

21cm
(72行)

6cm
(20行)

双罗纹

30cm
(102针)

22cm
(74针)
5cm
(17针)
12cm
(40针)
5cm
(17针)

平收32针

领窝
减4针
2-1-4
行针次

领窝
减4针
2-1-4
行针次

14cm
(48行)

32行平坦
袖窿减8针
2-1-8
行针次

12cm
(40行)

32行平坦
袖窿减8针
2-1-8
行针次

平收6针

平收6针

后片
(10号棒针)

花样B

21cm
(72行)

6cm
(20行)

双罗纹

30cm
(102针)

减24针
2-2-7
2-1-10
行针次

5cm
(16针)

减24针
2-2-7
2-1-10
行针次

10cm
(34行)

平收4针

平收4针

21cm
(72针)

35cm
(120行)

加8针
8-1-8
行针次

加8针
8-1-8
行针次

袖片
(10号棒针)

双罗纹

19cm
(64行)

16cm
(56针) 分散加8针

双罗纹

6cm
(20行)

14cm
(48针)

(100针)

领片
(10号棒针)

双罗纹
(42针)

12cm
(40行)

(58针)

领圈挑100针圈织12cm
双罗纹,形成高领

花样A

花样B

130

圆领小背心

【成品尺寸】衣长 33cm　下摆 27cm

【工　　具】10 号棒针 4 支　缝衣针 1 支

【材　　料】米色羊毛绒线 300g

【密　　度】10cm² : 30 针 ×40 行

【制作过程】

1. 毛衣用棒针编织，由一片前片、一片后片组成，从下往上编织。

2. 前片：（1）用下针起针法起 82 针，先织 5cm 单罗纹后，改织花样 A，侧缝不用加减针，织 16cm 至袖窿。

（2）袖窿以上的编织：两边袖窿平收 4 针后减针，方法是：每 2 行减 1 针减 4 次，各减 4 针，不加不减织 40 行。

（3）同时从袖窿算起织至 6cm 时，开始开领窝，中间平收 18 针，然后两边减针，方法是：每 2 行减 2 针减 6 次各减 12 针，不加不减织 12 行至肩部余 12 针。

3. 后片：（1）袖窿和袖窿以下的编织方法与前片袖窿一样，后片编织全下针。

（2）同时织至从袖窿算起 10cm 时，进行领窝减针，中间平收 34 针，然后两边减针，方法是：每 2 行减 1 针减 4 次，至肩部余 12 针。

4. 缝合：将前片的侧缝与后片的侧缝对应缝合，前片的肩部与后片的肩部缝合。

5. 袖口：两边袖口分别挑 96 针，环织 12 行单罗纹。

6. 领子：领圈边挑 126 针，环织 10 行单罗纹，形成圆领。毛衣编织完成。

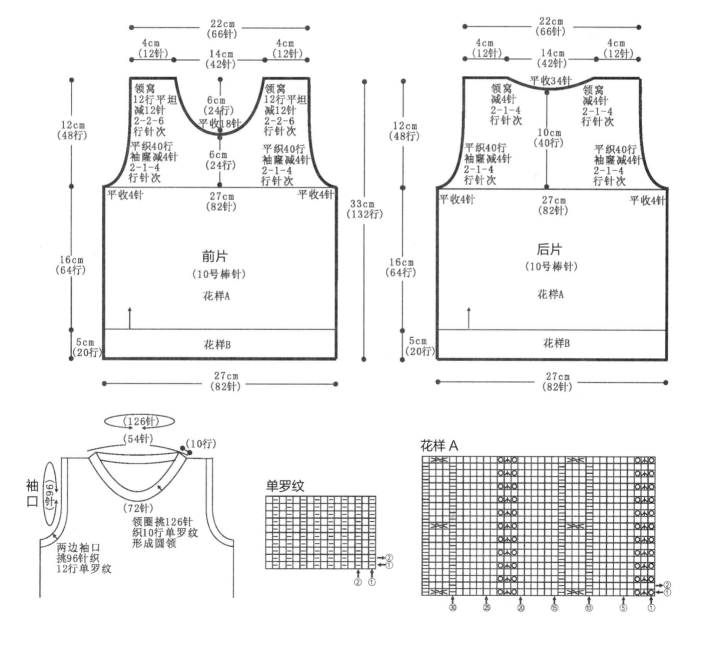

花样 B

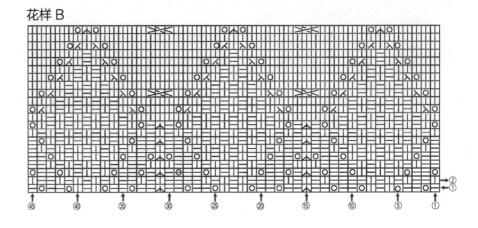

全下针

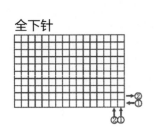

小猫咪背心

【成品尺寸】衣长 38cm　下摆 31cm

【工　　具】10 号棒针 4 支　缝衣针、钩针各 1 支

【材　　料】白色、红色羊毛绒线各 200g

【密　　度】10cm² : 26 针 × 38 行

【附　　件】前后片动物标识 2 枚　蕾丝彩带 1 条

【制作过程】

1.毛衣用棒针编织，由一片前片、一片后片组成，从下往上编织。

2.前片：（1）用下针起针法起 80 针，先织 3cm 双罗纹后，改织全下针并配色，侧缝不用加减针，织 19cm 至袖窿。

（2）袖窿以上的编织：两边袖窿平收 5 针后减针，方法是：每 2 行减 1 针减 6 次，各减 6 针，不加不减织 48 行至肩部。

（3）同时从袖窿算起织至 8cm 时，开始开领窝，中间平收 14 针，然后两边减针，方法是：每 2 行减 1 针减 8 次，共减 8 针，不加不减织 14 行至肩部余 14 针。

3.后片：（1）袖窿和袖窿以下的编织方法与前片袖窿一样。

（2）同时从袖窿算起织至 14cm 时，开始领窝减针，中间平收 24 针，然后两边减 3 针，方法是：每 2 行减 1 针减 3 次，织至肩部余 14 针。

4.缝合：将前片的侧缝与后片的侧缝对应缝合，前片的肩部与后片的肩部缝合。

5.袖口：用钩针红色线钩织花边。

6.领子：领圈边用钩针红色线钩织花边，形成圆领。

7.缝上前后片动物标识和蕾丝彩带。毛衣编织完成。

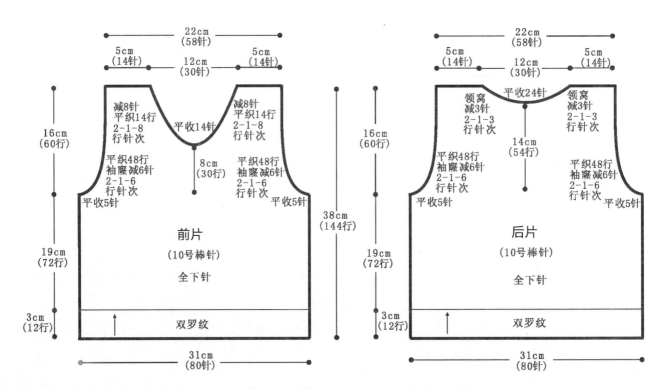

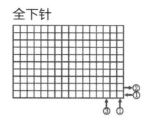

全下针

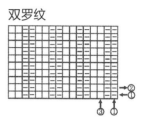

双罗纹

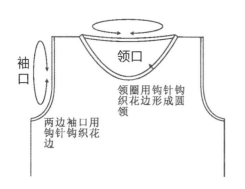

袖口

领口

领圈用钩针钩织花边形成圆领

两边袖口用钩针钩织花边

拼接休闲毛衣

【成品尺寸】衣长 46cm　下摆 37cm　袖长 45cm

【工　　具】10 号棒针 4 支　缝衣针 1 支

【材　　料】段染线 400g　咖啡色线少许

【密　　度】10cm² : 24 针 ×34 行

【制作过程】

1. 毛衣用棒针编织，由一片前片、一片后片、两片袖片组成，从下往上编织。

2. 前片：（1）用下针起针法起 88 针，编织 4cm 双罗纹后，改织花样，侧缝不用加减针，织 24cm 至袖窿。

（2）袖窿以上的编织：两边袖窿平收 4 针后减针，方法是：每 2 行减 1 针减 6 次，各减 6 针，不加不减织 50 行至肩部。

（3）同时织至袖窿算起 10cm 时，开始开领窝，中间平收 24 针，然后两边减针，方法是：每 2 行减 1 针减 10 次，各减 10 针，不加不减织 8 行至肩部余 12 针。

3. 后片：（1）用下针起针法起 88 针，编织 4cm 双罗纹后，改织全下针，侧缝不用加减针，织 24cm 至袖窿。

（2）袖窿以上的编织：两边袖窿平收 4 针后减针，方法是：每

2 行减 1 针减 5 次，各减 5 针。

（3）同时织至袖窿算起 16cm 时，中间平收 36 针，并进行领窝减针，方法是：每 2 行减 1 针减 4 次，织至肩部余 12 针。

4. 袖片：用下针起针法起 48 针，织 4cm 双罗纹后，改织全下针，两边袖下加 8 针，方法是：每 12 行加 1 针加 8 次，织至 30cm 时，两边平收 4 针，开始袖山减针，方法是：每 2 行减 1 针减 18 次，各减 18 针，至顶部余 20 针。

5. 缝合：将前片的侧缝与后片的侧缝对应缝合，前片的肩部与后片的肩部缝合，两边袖片的袖下缝合后，分别与衣片的袖边缝合。

6. 领片：领圈边挑 92 针，圈织 14 行全下针，形成卷边圆领。毛衣编织完成。

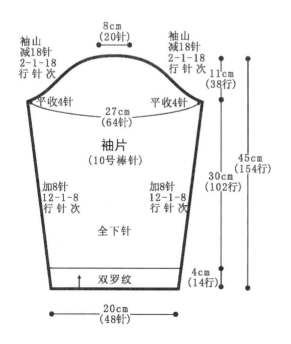

袖山减18针 2-1-18 行针次

8cm（20针）

袖山减18针 2-1-18 行针次

平收4针　平收4针

27cm（64针）

11cm（38行）

袖片（10号棒针）

全下针

加8针 12-1-8 行针次

加8针 12-1-8 行针次

45cm（154行）

30cm（102行）

双罗纹

4cm（14行）

20cm（48针）

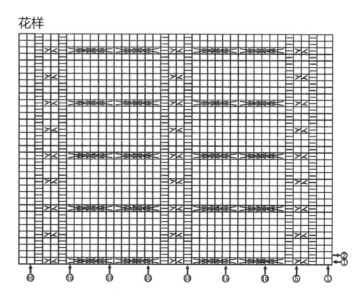

花样

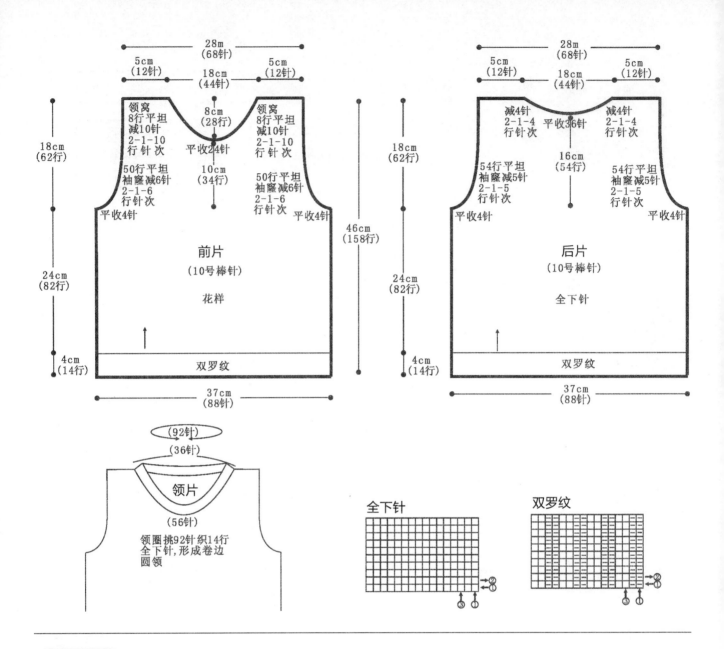

前片

28m（68针）

5cm（12针）　18cm（44针）　5cm（12针）

领窝8行平坦减10针　2-1-10行针次

领窝8行平坦减10针　2-1-10行针次

8cm（28行）

平收24针

10cm（34行）

18cm（62行）

50行平坦袖窿减6针　2-1-6行针次

平收4针

50行平坦袖窿减6针　2-1-6行针次

平收4针

46cm（158行）

前片（10号棒针）

花样

24cm（82行）

4cm（14行）

双罗纹

37cm（88针）

后片

28m（68针）

5cm（12针）　18cm（44针）　5cm（12针）

减4针2-1-4行针次

平收36针

减4针2-1-4行针次

16cm（54行）

18cm（62行）

54行平坦袖窿减5针　2-1-5行针次

平收4针

54行平坦袖窿减5针　2-1-5行针次

平收4针

后片（10号棒针）

全下针

24cm（82行）

4cm（14行）

双罗纹

37cm（88针）

（92针）

（36针）

领片

（56针）

领圈挑92针织14行全下针，形成卷边圆领

全下针

双罗纹

蓝色毛衣裙

【成品尺寸】衣长46cm　下摆34cm　袖长37cm

【工　具】10号棒针4支　缝衣针1支

【材　料】蓝色羊毛绒线400g　白色线少许

【密　度】10cm² : 30针×40行

【附　件】手编绳子1根

【制作过程】

1. 毛衣用棒针编织，由一片前片、一片后片、两片袖片组成，从下往上编织。

2. 前片：（1）用下针起针法起102针，先织3cm花样B后，改织花样A并配色，织至21cm时，分散减18针，此时针数为84针，然后改织6cm双罗纹至袖窿，侧缝不用加减针。

（2）袖窿以上的编织：改织全下针，两边袖窿平收4针后减针，方法是：每2行减1针减4次，各减4针，不加不减织56行至肩部。

（3）同时织至袖窿算起8cm时，开始开领窝，中间平收18针，

然后两边减针，方法是：每2行减1针减10次，各减10针，不加不减织12行至肩部余15针。

3. 后片：（1）袖窿和袖窿以下的编织方法与前片一样。

（2）同时织至从袖窿算起14cm时，开始开领窝，中间平收30针，然后两边减针，方法是：每2行减1针减4次，至肩部余15针。

4. 袖片：用下针起针法起60针，织3cm花样B后，改织全下针，袖下加针，方法是：每10行加1针加9次，织至11cm时，改织4cm双罗纹，再改织全下针，织11cm后，两边平收4针，开始袖山减针，方法是：每2行减2针减3次，每2行减1针减12次，各减18针，至顶部余34针。

5. 缝合：将前片的侧缝与后片的侧缝对应缝合，前片的肩部与后片的肩部缝合，两边袖片的袖下缝合后，分别与衣片的袖边缝合。

6. 领片：领片分左右2片编织，分别起56针，织34行花样B并配色，形成翻领。毛衣编织完成。

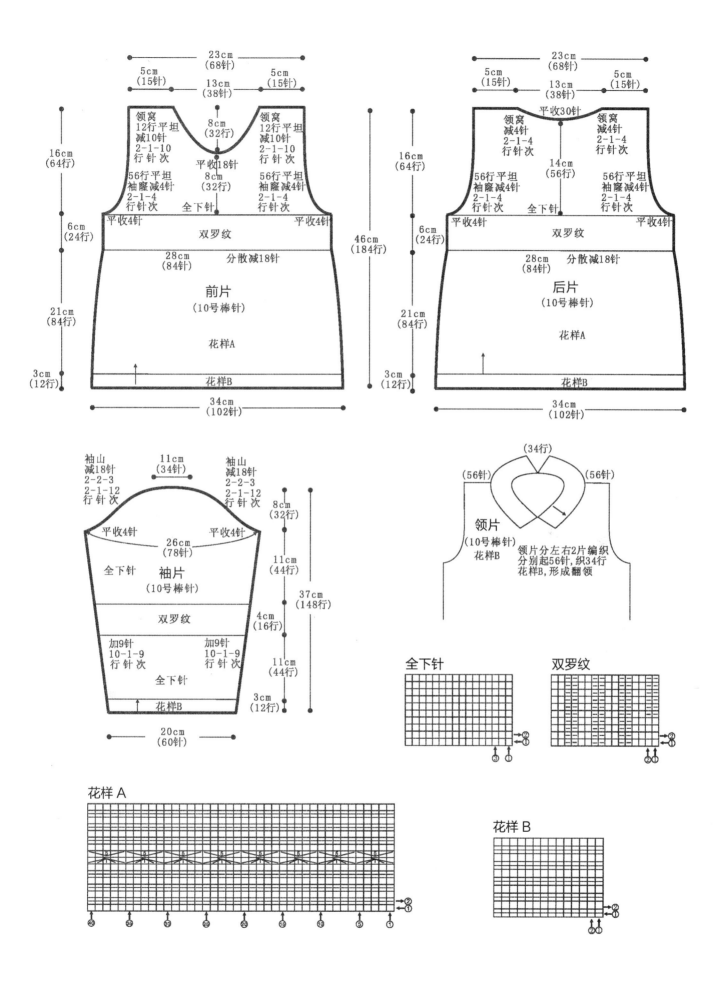

23cm
(68针)
5cm
(15针)
13cm
(38针)
5cm
(15针)

领窝
12行平坦
减10针
2-1-10
行针次
8cm
(32行)
领窝
12行平坦
减10针
2-1-10
行针次

16cm
(64行)

56行平坦
袖窿减4针
2-1-4
行针次
平收18针
8cm
(32行)
全下针
56行平坦
袖窿减4针
2-1-4
行针次

6cm
(24行)
平收4针
双罗纹
平收4针

28cm
(84针)
分散减18针

前片
(10号棒针)

21cm
(84行)

花样A

3cm
(12行)
花样B

34cm
(102针)

23cm
(68针)
5cm
(15针)
13cm
(38针)
5cm
(15针)

平收30针

领窝
减4针
2-1-4
行针次
领窝
减4针
2-1-4
行针次

16cm
(64行)

14cm
(56行)

56行平坦
袖窿减4针
2-1-4
行针次
全下针
56行平坦
袖窿减4针
2-1-4
行针次

46cm
(184行)

6cm
(24行)
平收4针
双罗纹
平收4针

28cm
(84针)
分散减18针

后片
(10号棒针)

21cm
(84行)

花样A

3cm
(12行)
花样B

34cm
(102针)

袖山
减18针
2-2-3
2-1-12
行针次
11cm
(34针)
袖山
减18针
2-2-3
2-1-12
行针次

8cm
(32行)

平收4针
26cm
(78针)
平收4针

11cm
(44行)

全下针
袖片
(10号棒针)

37cm
(148行)

双罗纹

4cm
(16行)

加9针
10-1-9
行针次
加9针
10-1-9
行针次

全下针

11cm
(44行)

花样B

3cm
(12行)

20cm
(60针)

(34行)
(56针)
(56针)

领片
(10号棒针)
花样B

领片分左右2片编织
分别起56针,织34行
花样B,形成翻领

全下针

双罗纹

花样 A

花样 B

花边领休闲背心

【成品尺寸】衣长 48cm 下摆 34cm
【工　　具】10 号棒针 4 支　12 号环形针 2 支　缝衣针 1 支
【材　　料】白色羊毛绒线 300g
【密　　度】10cm² : 26 针 ×38 行

【制作过程】

1. 毛衣用棒针编织，袖窿以下一片环形编织而成，袖窿起分为前片和后片编织，从下往上编织。

2. 从下摆起针，下针起针法起 176 针，先织 2cm 全下针，形成卷边，然后改织花样，织 28cm 至袖窿，并开始分前后片编织。

3. 把所有针数分成两部分，每份 88 针，改织全下针，继续编织。

4. 前片：（1）88 针的两边平收 4 针，然后进行袖窿减针，方法是：每 2 行减 2 针减 4 次，共减 8 针，不加不减织 60 行至肩部。

（2）同时从袖窿算起织至 8cm 时，中间平收 20 针，然后两边减针，方法是：每 2 行减 1 针减 12 次，共减 12 针，不加不减

织 14 行至肩部余 10 针。

5. 后片：（1）袖窿和袖窿以下的编织方法与前片一样，袖窿以上改织全下针。

（2）同时从袖窿算起织至 16cm 时，开始领窝减针，中间平收 38 针，然后两边减针，方法是：每 2 行减 1 针减 3 次，织至两边肩部余 10 针。

6. 缝合：前片的肩部与后片的肩部缝合。

7. 袖口：两边袖口用钩针钩织花边。

8. 领子：领圈边用钩针钩织花边，形成圆领。毛衣编织完成。

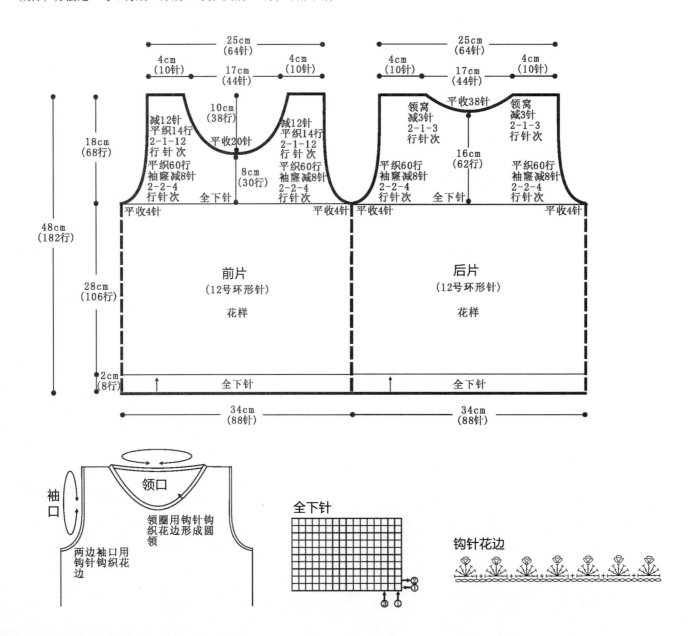

花样

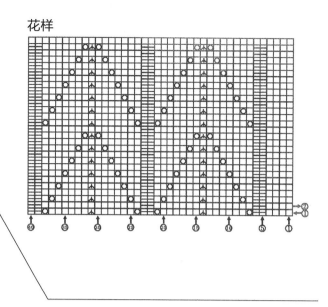

糖果色条纹背心

【成品尺寸】衣长 34cm　下摆 29cm
【工　　具】10 号棒针 4 支　缝衣针 1 支
【材　　料】粉红色、蓝色羊毛绒线各 200g
【密　　度】10cm²：26 针 ×38 行
【附　　件】装饰纽扣 5 枚

【制作过程】

1. 毛衣用棒针编织，由一片前片、一片后片组成，从下往上编织。

2. 前片：（1）用下针起针法起 76 针，编织 3cm 双罗纹后，改织全下针并配色，侧缝不用加减针，织 17cm 至袖窿。

（2）袖窿以上的编织：两边袖窿先平收 4 针后减针，方法是：每 2 行减 2 针减 4 次，各减 8 针，余下针数不加不减织 48 行至肩部。

（3）同时中间留取 2 针待用，开始开领窝，两边减针，方法是：每 2 行减 1 针减 12 次，各减 12 针，织 30 行至肩部余 13 针。

3. 后片：（1）袖窿和袖窿以下编织方法与前片袖窿一样。

（2）同时织至袖窿算起 13cm 时，开后领窝，中间平收 20 针，两边减针，方法是：每 2 行减 1 针减 3 次，织至两边肩部余 13 针。

4. 缝合：将前片的侧缝与后片的侧缝对应缝合，前片的肩部与后片的肩部缝合。

5. 领片：领圈边挑 122 针，以前片留的 2 针为中点，按 V 领领口花样图解编织 8 行双罗纹，形成 V 领。

6. 袖口：两边袖口分别挑 84 针，织 8 行双罗纹。

7. 缝上装饰纽扣。毛衣编织完成。

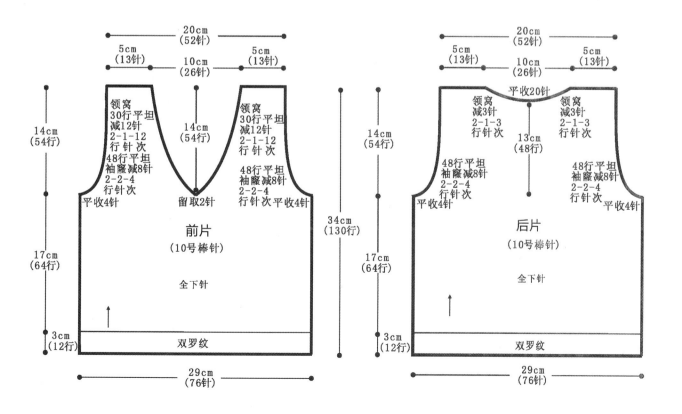

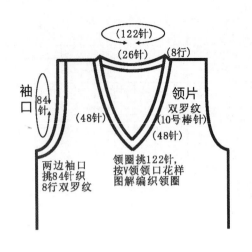

（122针）

（26针）　　（8行）

袖口 84针

领片
双罗纹
（10号棒针）

（48针）

（48针）

两边袖口
挑84针织
8行双罗纹

领圈挑122针，
按V领领口花样
图解编织领圈

双罗纹

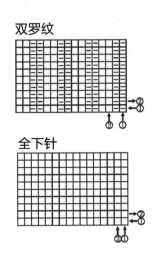

领口花样

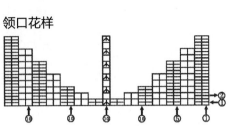

全下针

短袖淑女毛衣

【成品尺寸】衣长 48cm　胸围 31cm　袖长 18cm

【工　　具】10 号棒针 4 支　缝衣针 1 支

【材　　料】蓝色羊毛绒线 400g

【密　　度】10cm² : 30 针 ×40 行

【附　　件】手编腰带 1 根

【制作过程】

1. 毛衣用棒针编织，由一片前片、一片后片、两片袖片组成，从下往上编织。

2. 前片：（1）用下针起针法起 108 针，先织 2cm 花样 C 后，改织花样 B，侧缝不用加减针，织 16cm 时分散减 16 针，此时针数为 92 针，改织花样 A，继续织 14cm 至袖窿。

（2）袖窿以上的编织：袖窿两边平收 4 针，然后进行袖窿减针，方法是：每 2 行减 1 针减 6 次，各减 6 针，余下针数不加不减织 52 行至肩部。

（3）同时从袖窿算起织至 10cm 时，开始领窝减针，中间平收 20 针，两边各减 14 针，方法是：每 2 行减 2 针减 7 次，至肩部余 12 针。

3. 后片：（1）用下针起针法起 108 针，先织 2cm 花样 C 后，改织花样 B，侧缝不用加减针，织 16cm 时分散减 16 针，此时针数为 92 针，改织花样 A，继续织 14cm 至袖窿。

（2）袖窿以上的编织。袖窿两边平收 4 针，然后进行袖窿减针，

方法是：每 2 行减 1 针减 6 次，各减 6 针，余下针数不加不减织 52 行至肩部。

（3）同时从袖窿算起织至 13cm 时，开始领窝减针，中间平收 36 针，两边各减 6 针，方法是：每 2 行减 1 针减 6 次，至肩部余 12 针。

4. 袖片：从袖口织起，用下针起针法起 72 针，织 2cm 花样 C 后，改织花样 A，袖下加针，方法是：每 4 行加 1 针加 6 次，织 6cm 时，两边平收 4 针后，进行袖山减针，方法是：每 2 行减 2 针减 8 次，每 2 行减 1 针减 12 次，织 10cm 至顶部余 20 针。同样方法编织另一袖片。

5. 缝合：将前片的侧缝与后片的侧缝对应缝合，前后片的侧缝缝合，两袖片的袖下缝合后，与衣片的袖窿边缝合。

6. 领子：领圈边挑 106 针，织 2cm 花样 C，形成圆领。

7. 系上手编腰带。毛衣编织完成。

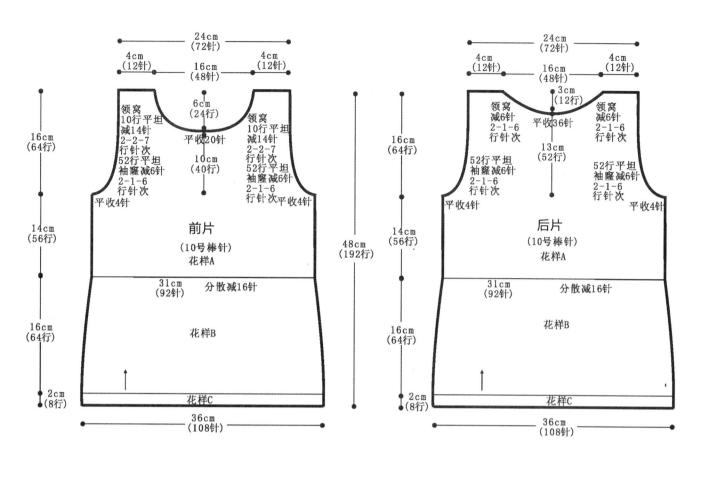

前片
（10号棒针）
花样A

后片
（10号棒针）
花样A

24cm（72针）
4cm（12针）　16cm（48针）　4cm（12针）

领窝
10行平坦
减14针
2-2-7
行针次
52行平坦
袖窿减6针
2-1-6
行针次
平收4针

6cm（24行）
平收20针
10cm（40行）

领窝
10行平坦
减14针
2-2-7
行针次
52行平坦
袖窿减6针
2-1-6
行针次
平收4针

16cm（64行）
14cm（56行）
16cm（64行）
2cm（8行）
48cm（192行）

31cm（92针）　分散减16针
花样B
花样C
36cm（108针）

领窝
减6针
2-1-6
行针次

3cm（12行）
平收36针
13cm（52行）

领窝
减6针
2-1-6
行针次

52行平坦
袖窿减6针
2-1-6
行针次
平收4针

52行平坦
袖窿减6针
2-1-6
行针次
平收4针

16cm（64行）
14cm（56行）
16cm（64行）
2cm（8行）

31cm（92针）　分散减16针
花样B
花样C
36cm（108针）

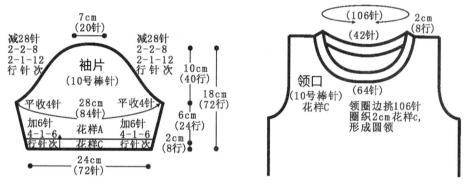

袖片
（10号棒针）

7cm（20针）

减28针
2-2-8
2-1-12
行针次

减28针
2-2-8
2-1-12
行针次

10cm（40行）
18cm（72行）
6cm（24行）
2cm（8行）

平收4针　28cm（84针）　平收4针
加6针　花样A　加6针
4-1-6　　　　　4-1-6
行针次　花样C　行针次
24cm（72针）

领口
（10号棒针）
花样C

（106针）　2cm（8行）
（42针）
（64针）

领圈边挑106针
圈织2cm花样c，
形成圆领

花样 B

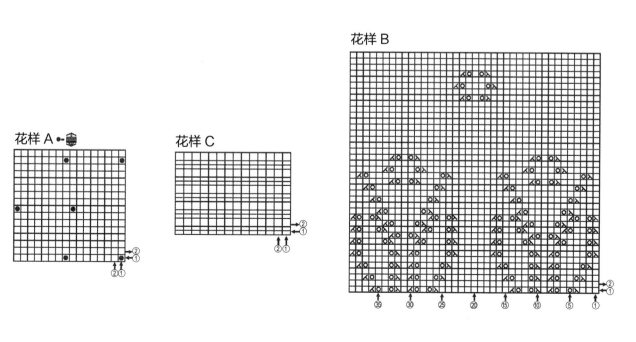

花样 A •=▣

花样 C

139

V 领气质开衫

【成品尺寸】衣长 40cm　下摆 36cm　袖长 44cm

【工　　具】10 号棒针 4 支　缝衣针 1 支

【材　　料】酒红色羊毛绒线 400g

【密　　度】10cm² ：28 针 ×34 行

【附　　件】纽扣 5 枚

【制作过程】

1. 毛衣用棒针编织，由两片前片、一片后片、两片袖片组成，从下往上编织。

2. 前片：分右前片和左前片编织。（1）右前片：用下针起针法起 50 针，先织 4cm 双罗纹后，改织花样，侧缝不用加减针，织至 21cm 至袖窿。

（2）袖窿以上的编织：右侧袖窿平收 6 针后减针，方法是：每织 2 行减 2 针减 4 次，共减 8 针，不加不减平织 42 行至袖窿。

（3）同时进行领窝减针，方法是：每 2 行减 1 针减 22 次，不加不减织 6 行至肩余 14 针。

（4）相同的方法、相反的方向编织左前片。

3. 后片：（1）用下针起针法起 100 针，先织 4cm 双罗纹后，改织花样，侧缝不用加减针，织 21cm 至袖窿。

（2）袖窿以上的编织：袖窿平收 6 针后减针，方法与前片袖窿一样。

（3）同时织至从袖窿算起 12cm 时，开后领窝，中间平收 36 针，

两边各减 4 针，方法是：每 2 行减 1 针减 4 次，织至两边肩部余 14 针。

4. 袖片：从袖口织起，用下针起针法起 48 针，先织 4cm 双罗纹后，改织花样，袖下两边加 10 针，方法是：每 4 行加 1 针加 10 次，编织 30cm 至袖窿。开始两边袖山减针，方法是：两边分别每 2 行减 2 针减 12 次，每 2 行减 1 针减 4 次，共减 28 针，编织完 10cm 后余 12 针，收针断线。同样方法编织另一袖片。

5. 缝合：将前片的侧缝与后片的侧缝对应缝合，前后片的肩部对应缝合，再将两袖片的袖下缝合后，袖山边线与衣身的袖窿边对应缝合。

6. 领子：两边门襟至领圈边挑 298 针，织 10 行双罗纹，左边门襟均匀地开纽扣孔。形成开襟 V 领。

7. 用缝衣针缝上纽扣。毛衣编织完成。

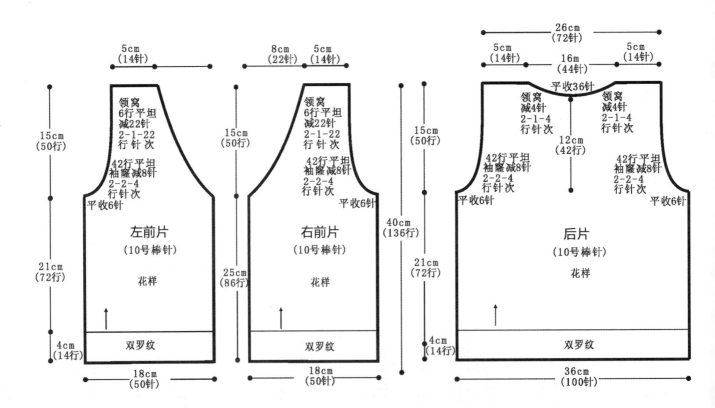

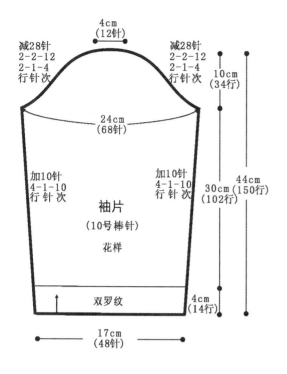

4cm
(12针)

减28针
2-2-12
2-1-4
行针次

减28针
2-2-12
2-1-4
行针次

10cm
(34行)

24cm
(68针)

加10针
4-1-10
行针次

加10针
4-1-10
行针次

44cm
(150行)

30cm
(102行)

袖片
（10号棒针）

花样

双罗纹

4cm
(14行)

17cm
(48针)

花样

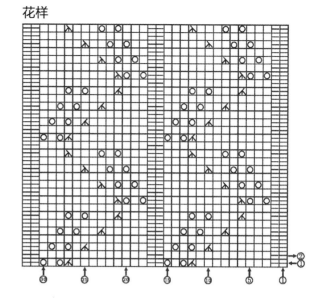

双罗纹

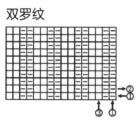

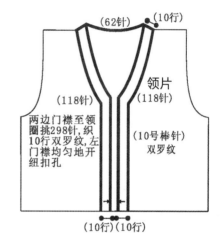

（62针）

（10行）

领片
（118针）

（118针）

两边门襟至领圈挑298针，织10行双罗纹，左门襟均匀地开纽扣孔

（10号棒针）
双罗纹

（10行）（10行）

毛绒球背心

【成品尺寸】衣长 42cm　下摆 29cm

【工　　具】10 号棒针 4 支　缝衣针 1 支

【材　　料】黄色羊毛绒线 300g

【密　　度】10cm² : 30 针 ×40 行

【附　　件】毛线绒球 3 个

【制作过程】

1. 毛衣用棒针编织，由一片前片、一片后片组成，从下往上编织。

2. 前片：（1）用下针起针法，起 88 针，先织 2cm 双罗纹后，改织花样，侧缝不用加减针，织 22cm 至袖窿。

（2）袖窿以上的编织：两边袖窿平收 3 针后减针，方法是：每 2 行减 2 针减 4 次，各减 8 针，不加不减织 64 行。

（3）同时从袖窿算起织至 8cm 时，开始开领窝，中间平收 22 针，然后两边减针，方法是：每 2 行减 2 针减 5 次，各减 10 针，不加不减织 30 行至肩部余 12 针。

3. 后片：（1）袖窿和袖窿以下的编织方法与前片袖窿一样，后片编织全下针。

（2）同时织至从袖窿算起 16cm 时，进行领窝减针，中间平收 34 针，然后两边减针，方法是：每 2 行减 1 针减 4 次，至肩部余 12 针。

4. 缝合：将前片的侧缝与后片的侧缝对应缝合，前片的肩部与后片的肩部缝合。

5. 袖口：两边袖口分别挑 70 针，环织 8 行双罗纹。

6. 领子：领圈边挑 138 针，环织 8 行双罗纹，形成圆领。

7. 前片缝上毛线绒球。毛衣编织完成。

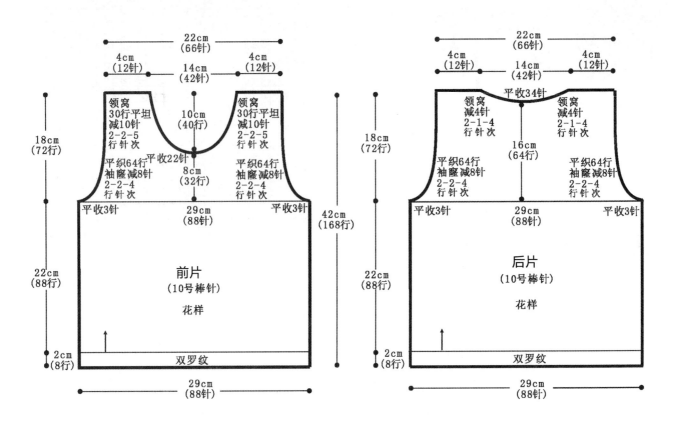

前片
(10号棒针)

花样

双罗纹

22cm
(66针)

4cm
(12针)

14cm
(42针)

4cm
(12针)

领窝
30行平坦
减10针
2-2-5
行针次

10cm
(40行)

领窝
30行平坦
减10针
2-2-5
行针次

18cm
(72行)

平织64行
袖窿减8针
2-2-4
行针次

平收22针

8cm
(32行)

平织64行
袖窿减8针
2-2-4
行针次

平收3针

29cm
(88针)

平收3针

42cm
(168行)

22cm
(88行)

2cm
(8行)

29cm
(88针)

后片
(10号棒针)

花样

双罗纹

22cm
(66针)

4cm
(12针)

14cm
(42针)

4cm
(12针)

平收34针

领窝
减4针
2-1-4
行针次

领窝
减4针
2-1-4
行针次

16cm
(64行)

18cm
(72行)

平织64行
袖窿减8针
2-2-4
行针次

平织64行
袖窿减8针
2-2-4
行针次

平收3针

29cm
(88针)

平收3针

22cm
(88行)

2cm
(8行)

29cm
(88针)

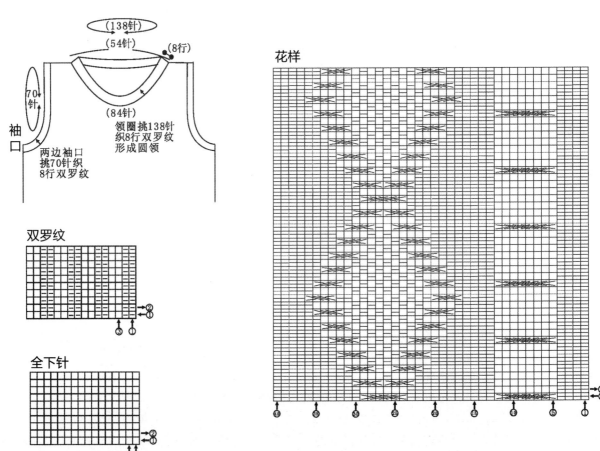

(138针)

(54针)

(8行)

70针

(84针)

领圈挑138针
织8行双罗纹
形成圆领

袖口

两边袖口
挑70针织
8行双罗纹

双罗纹

全下针

花样

休闲款毛衣

【成品尺寸】衣长 46cm　下摆 30cm　袖长 33cm
【工　　具】10 号棒针 4 支　缝衣针 1 支
【材　　料】黄色羊毛绒线 400g
【密　　度】10cm² : 26 针 × 32 行
【附　　件】钩针花朵 1 朵

【制作过程】

1. 毛衣用棒针编织，由一片前片、一片后片、两片袖片组成，从下往上编织。

2. 前片：（1）用下针起针法起 78 针，织 4 行全下针、4 行单罗纹，形成卷边下摆，然后改织花样，侧缝不用加减针，织 25cm 至袖窿。

（2）袖窿以上的编织：两边袖窿平收 4 针后减针，方法是：每 2 行减 1 针减 6 次，各减 6 针，不加不减织 46 行至肩部。

（3）同时织至袖窿算起 10cm 时，开始开领窝，中间平收 22 针，然后两边肩部不加不减织 8cm 至肩部余 18 针。

3. 后片：袖窿和袖窿以下的编织方法与前片一样，不用开领窝，织至顶部余 58 针。

4. 袖片：用下针起针法起 40 针，织 4cm 单罗纹后，改织花样，

袖下加针，方法是：每 4 行加 1 针加 18 次，织至 23cm 时，两边平收 4 针，开始袖山减针，方法是：每 2 行减 3 针减 8 次，每 2 行减 2 针减 2 次，各减 28 针，至顶部余 12 针。

5. 缝合：将前片的侧缝与后片的侧缝对应缝合，前片的肩部与后片的肩部缝合，两边袖片的袖下缝合后，分别与衣片的袖边缝合。

6. 领片：领圈边挑 110 针，圈织 4 行单罗纹后，改织 4 行全下针，形成卷边圆领。

7. 口袋：起 34 针织 11cm 花样，四周全部织 4 针全下针，形成卷边，缝合到前片相应的位置上。缝上钩针花朵。毛衣编织完成。

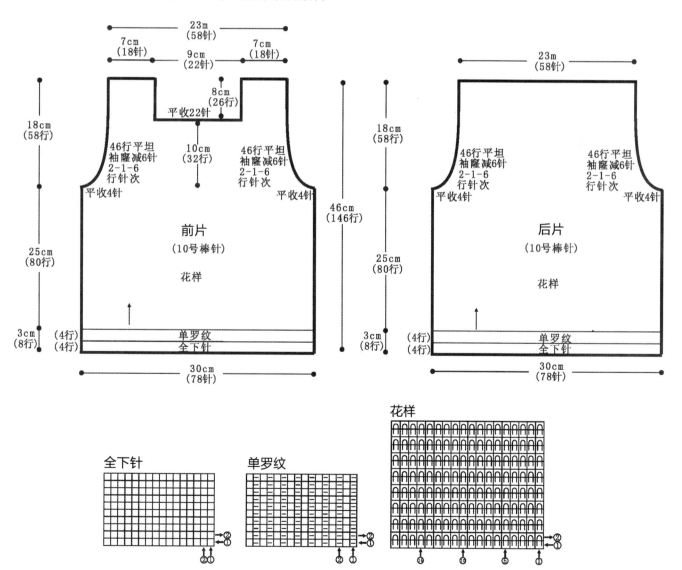

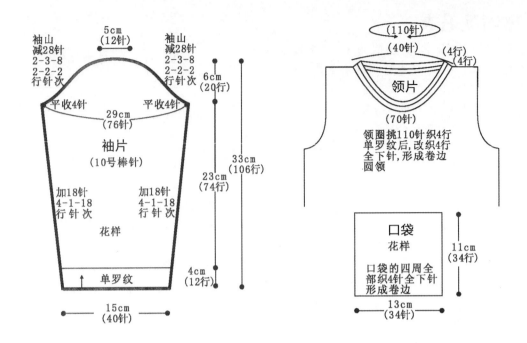

5cm
（12针）

袖山
减28针
2-3-8
2-2-2
行针次

袖山
减28针
2-3-8
2-2-2
行针次

6cm
（20行）

平收4针   平收4针

29cm
（76针）

袖片
（10号棒针）

33cm
（106行）

23cm
（74行）

加18针
4-1-18
行针次

加18针
4-1-18
行针次

花样

单罗纹

4cm
（12行）

15cm
（40针）

（110针）

（40针）   （4行）
                        （4行）

领片

（70针）

领圈挑110针织4行
单罗纹后，改织4行
全下针，形成卷边
圆领

口袋
花样

口袋的四周全
部织4针全下针
形成卷边

11cm
（34行）

13cm
（34针）

简约套头衫

【成品尺寸】衣长 40cm　下摆 28cm　袖长 37cm

【工　　具】10 号棒针 4 支　缝衣针 1 支

【材　　料】浅紫色羊毛绒线 400g

【密　　度】10cm² : 30 针 ×40 行

【制作过程】

1. 毛毛衣用棒针编织，由一片前片、一片后片、两片袖片组成，从下往上编织。

2. 前片：（1）用下针起针法起 84 针，编织 4cm 双罗纹后，改织花样，侧缝不用加减针，织 20cm 至袖窿。

（2）袖窿以上的编织：两边袖窿平收 4 针后减针，方法是：每 2 行减 1 针减 5 次，各减 5 针，不加不减织 54 行至肩部。

（3）同时织至袖窿算起 10cm 时，开始开领窝，中间平收 18 针，然后两边减针，方法是：每 2 行减 1 针减 6 次，各减 6 针，不加不减织 12 行至肩部余 18 针。

3. 后片：（1）用下针起针法起 84 针，编织 4cm 双罗纹后，改织花样，侧缝不用加减针，织 20cm 至袖窿。

（2）袖窿以上的编织：两边袖窿平收 4 针后减针，方法是：每

2 行减 1 针减 5 次，各减 5 针，不用领窝减针，织至肩部余 66 针。

4. 袖片：用下针起针法起 48 针，织 4cm 双罗纹后，改织花样，袖下加针，方法是：每 6 行加 1 针加 12 次，织至 22cm 时，两边平收 4 针，开始袖山减针，方法是：每 2 行减 2 针减 6 次，每 2 行减 1 针减 14 次，各减 26 针，至顶部余 12 针。

5. 缝合：将前片的侧缝与后片的侧缝对应缝合，前片的肩部与后片的肩部缝合，两边袖片的袖下缝合后，分别与衣片的袖边缝合。

6. 领片：领圈边挑 110 针，圈织 4cm 双罗纹，形成圆领。毛衣编织完成。

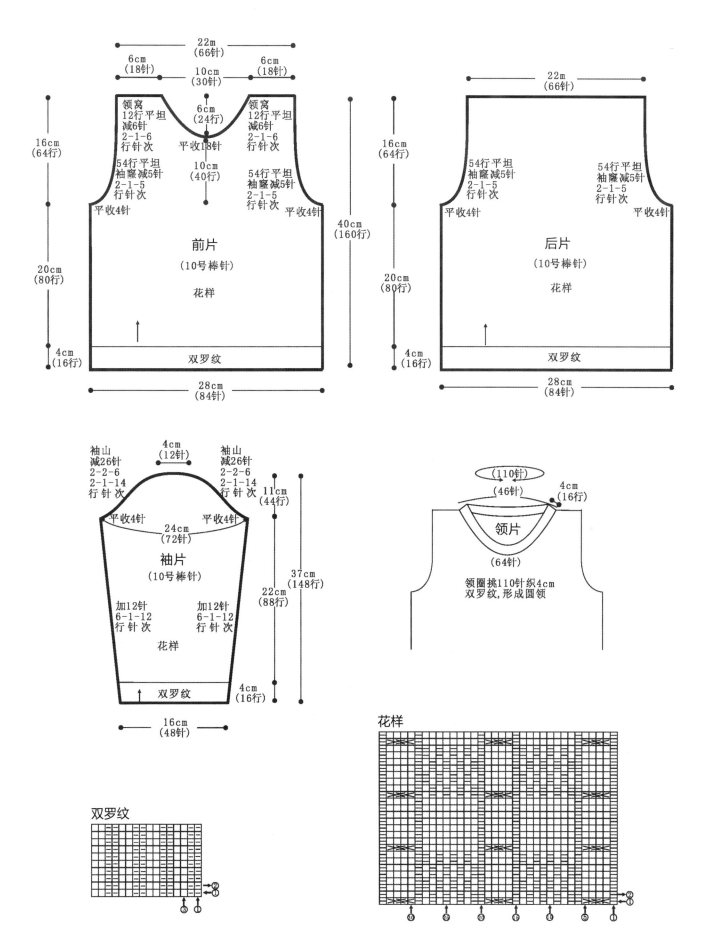

22m
(66针)

6cm
(18针)

10cm
(30针)

6cm
(18针)

领窝
12行平坦
减6针
2-1-6
行针次

6cm
(24行)

领窝
12行平坦
减6针
2-1-6
行针次

平收18针

54行平坦
袖窿减5针
2-1-5
行针次

10cm
(40行)

54行平坦
袖窿减5针
2-1-5
行针次

平收4针

平收4针

16cm
(64行)

40cm
(160行)

前片

(10号棒针)

花样

20cm
(80行)

4cm
(16行)

双罗纹

28cm
(84针)

22m
(66针)

54行平坦
袖窿减5针
2-1-5
行针次

54行平坦
袖窿减5针
2-1-5
行针次

平收4针

平收4针

16cm
(64行)

后片

(10号棒针)

花样

20cm
(80行)

4cm
(16行)

双罗纹

28cm
(84针)

袖山
减26针
2-2-6
2-1-14
行针次

4cm
(12针)

袖山
减26针
2-2-6
2-1-14
行针次

平收4针

24cm
(72针)

平收4针

11cm
(44行)

袖片

(10号棒针)

37cm
(148行)

22cm
(88行)

加12针
6-1-12
行针次

加12针
6-1-12
行针次

花样

双罗纹

4cm
(16行)

16cm
(48针)

(110针)

(46针)

4cm
(16行)

领片

(64针)

领圈挑110针织4cm
双罗纹,形成圆领

双罗纹

花样

145

复古麻花纹套头衫

【成品尺寸】衣长 43cm　下摆 35cm　袖长 29cm

【工　　具】10 号棒针 4 支　缝衣针 1 支

【材　　料】蓝色羊毛绒线 400g

【密　　度】10cm² : 26 针 × 36 行

【制作过程】

1. 毛衣用棒针编织，袖窿以下一片环形编织而成，袖窿以上分前后片编织，从下往上编织。

2. 前片：下摆分 6 小片编织，分别起 2 针，按花样 B 在 2 针的两边加针，加至 30 针时暂不织，同样方法织 6 小片，然后合并环织，继续编织花样 B，织 6cm 时改织花样 A，侧缝不用加减针，织 16cm 至袖窿，袖窿以下环织部分编织完成。

3. 袖窿以上的编织：将织片分片编织，前后片各取 90 针。（1）先织前片，两边各平收 4 针后，进行袖窿减针，方法是：每 2 行减 1 针减 4 次，不加不减 50 行至肩部。

（2）同时织至从袖窿算起 8cm 时，中间平收 18 针，然后领窝减针，方法是：每 2 行减 1 针减 10 次，织至肩部余 18 针。

4. 后片：袖窿的编织方法与前片一样，同时织至从袖窿算起 13cm 时，中间平收 30 针，然后领窝减针，方法是：每 2 行减 1 针减 4 次，织至肩部余 18 针。完成后将前后片的两边肩部对应缝合。

5. 袖片：用下针起针法起 46 针，先织 2cm 单罗纹后，改织全下针，袖下加针，方法是：每 10 行加 1 针加 6 次，织至 19cm 时，两边平收 4 针，开始袖山减针，方法是：每 2 行减 1 针减 14 次，各减 14 针，至顶部余 22 针。同样方法编织另一袖片。

6. 缝合：两边袖片的袖下缝合后，分别与衣片的袖边缝合。

7. 领片：领圈边挑 120 针，织 2cm 单罗纹，形成圆领。毛衣编织完成。

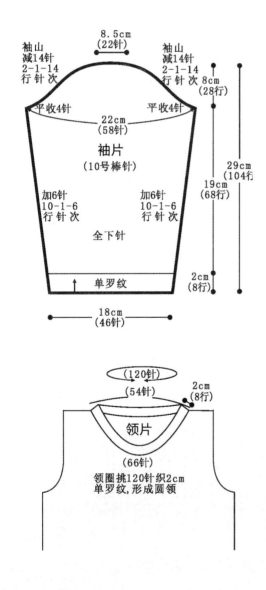

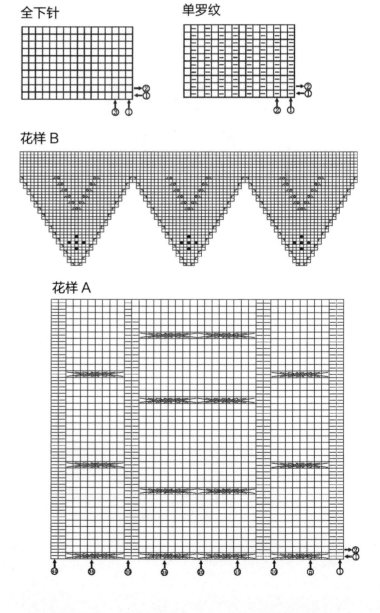

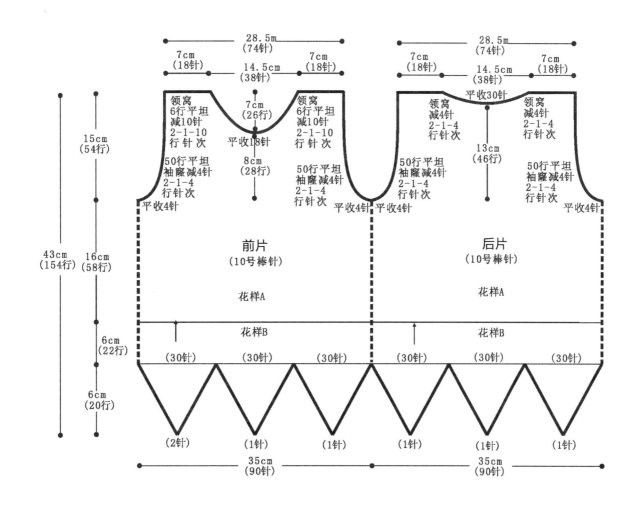

28.5m
(74针)

7cm
(18针)

14.5cm
(38针)

7cm
(18针)

28.5m
(74针)

7cm
(18针)

14.5cm
(38针)

7cm
(18针)

领窝
6行平坦
减10针
2-1-10
行针次

7cm
(26行)

领窝
6行平坦
减10针
2-1-10
行针次

平收30针

领窝
减4针
2-1-4
行针次

领窝
减4针
2-1-4
行针次

15cm
(54行)

50行平坦
袖窿减4针
2-1-4
行针次

平收18针

8cm
(28行)

50行平坦
袖窿减4针
2-1-4
行针次

50行平坦
袖窿减4针
2-1-4
行针次

13cm
(46行)

50行平坦
袖窿减4针
2-1-4
行针次

平收4针

平收4针

平收4针

平收4针

前片
(10号棒针)

花样A

后片
(10号棒针)

花样A

43cm
(154行)

16cm
(58行)

6cm
(22行)

花样B

花样B

(30针)   (30针)   (30针)

(30针)   (30针)   (30针)

6cm
(20行)

(2针)   (1针)   (1针)

(1针)   (1针)   (1针)

35cm
(90针)

35cm
(90针)

V领开衫

【成品尺寸】衣长 38cm　下摆 35cm　袖长 35cm

【工　　具】10 号棒针 4 支　缝衣针、钩针各 1 支

【材　　料】绿色羊毛绒线 400g

【密　　度】10cm² : 28 针 × 40 行

【附　　件】纽扣 4 枚

【制作过程】

1. 毛衣用棒针编织，由两片前片、一片后片、两片袖片组成，从下往上编织。

2. 前片：分右前片和左前片编织。（1）右前片：用下针起针法起 49 针，先织 3cm 双罗纹后，改织花样，侧缝不用加减针，织至 19cm 至袖窿。

（2）袖窿以上的编织：右侧袖窿平收 6 针后减针，方法是：每织 2 行减 2 针减 2 次，共减 4 针，不加不减平织 60 行至袖窿。

（3）同时进行领窝减针，方法是：每 2 行减 1 针减 19 次，不加不减织 16cm 至肩部余 20 针。

（4）相同的方法、相反的方向编织左前片。

3. 后片：（1）用下针起针法起 98 针，先织 3cm 双罗纹后，改织花样，侧缝不用加减针，织 19cm 至袖窿。

（2）袖窿以上的编织：袖窿开始减针，方法与前片袖窿一样。

（3）同时织至从袖窿算起 14cm 时，开后领窝，中间平收 30 针，

两边各减 4 针，方法是：每 2 行减 1 针减 4 次，织至两边肩部余 20 针。

4. 袖片：从袖口织起，用下针起针法起 40 针，先织 4cm 双罗纹后，分散加 8 针至针数为 52 针，然后改织花样，袖下两边加 8 针，方法是：每 10 行加 1 针加 8 次，编织 22cm 至袖窿。两边平收 6 针后，开始两边袖山减针，方法是：两边分别每 2 行减 2 针减 3 次，每 2 行减 1 针减 14 次，各减 20 针，编织完 9cm 后余 16 针，收针断线。同样方法编织另一袖片。

5. 缝合：将前片的侧缝与后片的侧缝对应缝合，前后片的肩部对应缝合，再将两袖片的袖下缝合后，袖山边线与衣身的袖窿边对应缝合。

6. 领子：两边门襟至领圈边挑 226 针，织 10 行双罗纹，左边门襟均匀地开纽扣孔，形成开襟 V 领。

7. 两个口袋另织，起 2 针，织花样，并在两边加针，方法是：每 2 行加 2 针加 4 次，共加 8 针，至针数为 18 针，继续织 4cm，其中最后 4 行改织双罗纹，缝合到前片相应的位置，并用钩针钩织花边。

8. 用缝衣针缝上纽扣。衣服编织完成。

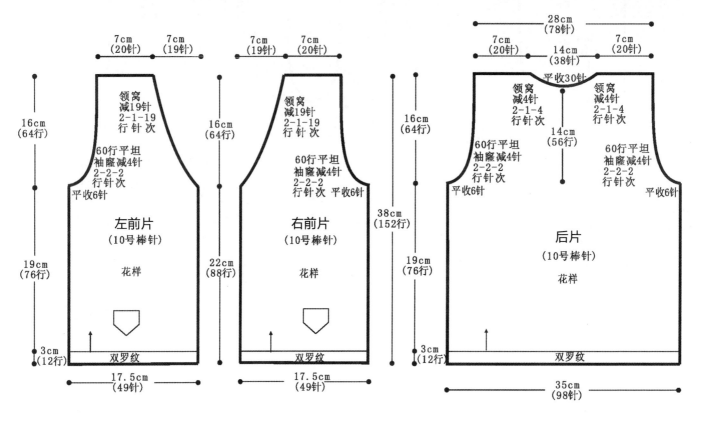

7cm
(20针)　7cm
(19针)

7cm
(19针)　7cm
(20针)

28cm
(78针)

7cm
(20针)　14cm
(38针)　7cm
(20针)

16cm
(64行)

16cm
(64行)

16cm
(64行)

平收30针

领窝
减19针
2-1-19
行针次

领窝
减19针
2-1-19
行针次

领窝
减4针
2-1-4
行针次

领窝
减4针
2-1-4
行针次

14cm
(56行)

60行平坦
袖窿减4针
2-2-2
行针次
平收6针

60行平坦
袖窿减4针
2-2-2
行针次

60行平坦
袖窿减4针
2-2-2
行针次

平收6针

平收6针

平收6针

38cm
(152行)

左前片
(10号棒针)

右前片
(10号棒针)

后片
(10号棒针)

花样

花样

花样

19cm
(76行)

19cm
(76行)

19cm
(76行)

3cm
(12行)

3cm
(12行)

双罗纹

双罗纹

双罗纹

17.5cm
(49针)

17.5cm
(49针)

22cm
(88行)

35cm
(98针)

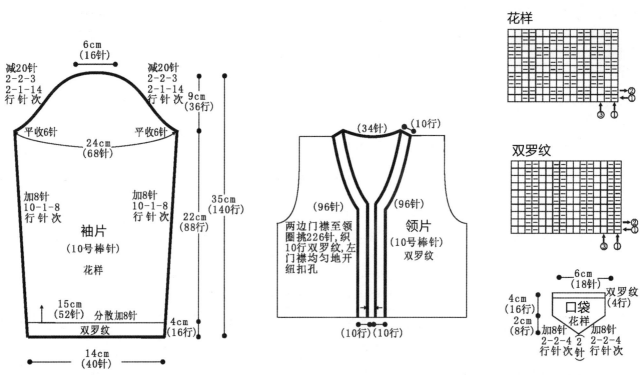

6cm
(16针)

减20针
2-2-3
2-1-14
行针次

减20针
2-2-3
2-1-14
行针次

9cm
(36行)

平收6针　24cm
(68针)　平收6针

加8针
10-1-8
行针次

加8针
10-1-8
行针次

35cm
(140行)

袖片
(10号棒针)

花样

22cm
(88行)

15cm
(52针)　分散加8针

双罗纹

4cm
(16行)

14cm
(40针)

(34针)　(10行)

(96针)　(96针)

两边门襟至领
圈挑226针，织
10行双罗纹，左
门襟均匀地开
纽扣孔

领片
(10号棒针)

双罗纹

(10行)　(10行)

花样

双罗纹

6cm
(18针)

双罗纹
(4行)

4cm
(16行)

口袋
花样

2cm
(8行)

加8针
2-2-4
行针次　2
针　加8针
2-2-4
行针次

粉色淑女毛衣

【成品尺寸】衣长 54cm　下摆 36cm　袖长 50cm

【工　　具】10 号棒针 4 支　缝衣针、钩针各 1 支

【材　　料】黄色、红色羊毛绒线各 200g

【密　　度】10cm² : 30 针 ×40 行

【附　　件】钩花

【制作过程】

1.毛衣用棒针编织，由一片前片、一片后片、两片袖片组成，从下往上编织。

2.前片：（1）用下针起针法起 96 针，先织 17cm 花样后，改织 5cm 单罗纹并配色，再改织全下针，侧缝不用加减针，织 16cm 至袖窿。

（2）袖窿以上的编织：两边袖窿平收 4 针后减针，方法是：每 2 行减 1 针减 5 次，各减 5 针，不加不减织 54 行至肩部。

（3）同时织至袖窿算起 10cm 时，开始开领窝，中间平收 18 针，然后两边减针，方法是：每 2 行减 1 针减 12 次，各减 12 针，不加不减织至肩部余 18 针。

3.后片：（1）用下针起针法起 96 针，先织 17cm 花样后，改织 5cm 单罗纹并配色，再改织全下针，侧缝不用加减针，织 16cm 至袖窿。

（2）袖窿以上的编织：两边袖窿平收 4 针后减针，方法是：每 2 行减 1 针减 5 次，各减 5 针，不加不减织 54 行至肩部。

（3）同时织至从袖窿算起 14cm 时，开始开领窝，中间平收 34 针，然后两边减针，方法是：每 2 行减 1 针减 4 次，至肩部余 18 针。

4.袖片：用下针起针法起 52 针，先织 14cm 花样后，改织 3cm 单罗纹并配色，再改织全下针，袖下加针，方法是：每 6 行加 1 针加 14 次，织至 23cm 时，两边平收 4 针，开始袖山减针，方法是：每 2 行减 2 针减 8 次，每 2 行减 1 针减 12 次，各减 28 针，至顶部余 16 针。

5.缝合：将前片的侧缝与后片的侧缝对应缝合，前片的肩部与后片的肩部缝合，两边袖片的袖下缝合后，分别与衣片的袖边缝合。

6.领片：领圈边挑 160 针，圈织 4cm 单罗纹，形成圆领。

7.在前领窝底部挑适合针数，织 16 行单罗纹，并缝上钩花。毛衣编织完成。

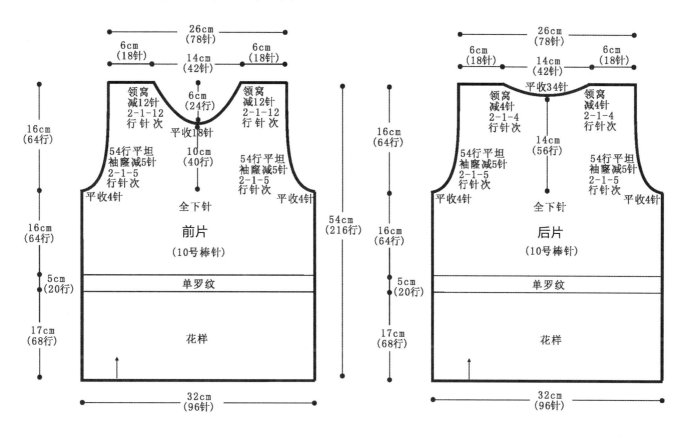

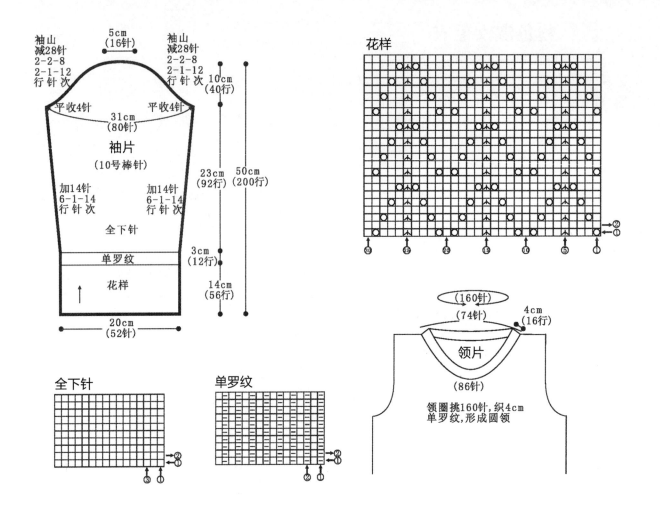

喜庆红色毛衣

【成品尺寸】 衣长 40cm　胸围 25cm　连肩袖长 40cm

【工　　具】 10 号棒针 4 支　缝衣针 1 支

【材　　料】 红色羊毛绒线 400g

【密　　度】 10cm² : 38 针 × 44 行

【制作过程】

1. 插肩毛衣用棒针编织，由一片前片、一片后片、两片袖片组成，从下往上编织。

2. 前片：（1）用下针起针法起 94 针，先织 5cm 双罗纹后，改织花样，侧缝不用加减针，织 21cm 至插肩袖窿。

（2）袖窿以上的编织：两边平收 6 针后，进行插肩袖窿减针，方法是：每 2 行减 1 针减 20 次，各减 20 针，织 14cm 至顶部。

（3）同时织至从袖窿算起 9cm 时，中间平收 22 针后，开始两边领窝减针，方法是：每 2 行减 1 针减 10 次，织 5cm 针数减完。

3. 后片：插肩袖窿和袖窿以下的编织方法与前片一样，不用领

窝减针，织至顶部余 42 针。

4. 袖片：用下针起针法起 52 针，先织 3cm 双罗纹后，改织花样，两边袖下加针，方法是：每 12 行加 1 针加 8 次，织至 23cm 两边平收 6 针后，开始插肩减针，方法是：每 2 行减 1 针减 20 次，各减 20 针，织 14cm 至顶部余 16 针，收针断线。同样方法编织另一袖。

5. 缝合：将前片的侧缝与后片的侧缝对应缝合，袖片的袖下分别缝合，袖片的插肩部与衣片的插肩部缝合。

6. 领片：领圈边挑 108 针，圈织 2cm 双罗纹，形成圆领。毛衣编织完成。

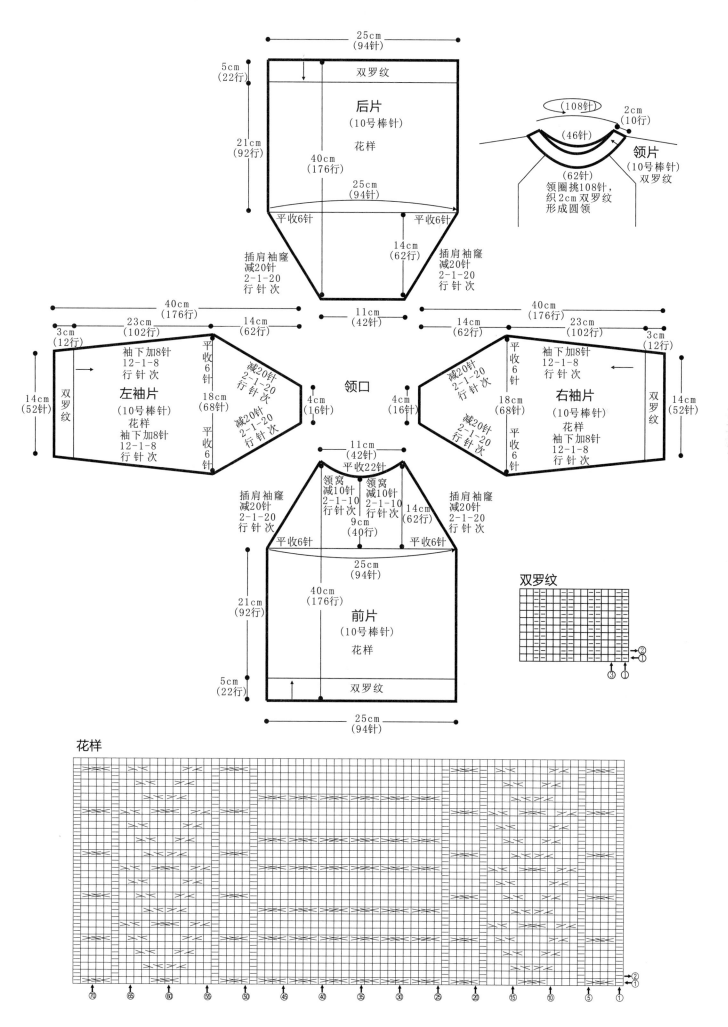

25cm
(94针)

5cm
(22行)

双罗纹

后片
(10号棒针)

花样

21cm
(92行)

40cm
(176行)

25cm
(94针)

平收6针　　　平收6针

14cm
(62行)

插肩袖窿
减20针
2-1-20
行针次

插肩袖窿
减20针
2-1-20
行针次

(108针)　2cm
(10行)

(46针)

领片
(10号棒针)
双罗纹

(62针)

领圈挑108针，
织2cm双罗纹
形成圆领

40cm
(176行)

23cm
(102行)

14cm
(62行)

3cm
(12行)

袖下加8针
12-1-8
行针次

平收
6针

减20针
2-1-20
行针次

11cm
(42针)

14cm
(62行)

23cm
(102行)

40cm
(176行)

3cm
(12行)

平收
6针

袖下加8针
12-1-8
行针次

14cm
(52行)

双罗纹

左袖片
(10号棒针)
花样
袖下加8针
12-1-8
行针次

18cm
(68行)

减20针
2-1-20
行针次

领口

4cm
(16针)

减20针
2-1-20
行针次

18cm
(68行)

右袖片
(10号棒针)
花样
袖下加8针
12-1-8
行针次

双罗纹

14cm
(52行)

平收
6针

平收
6针

4cm
(16针)

平收
6针

插肩袖窿
减20针
2-1-20
行针次

11cm
(42针)
平收22针

插肩袖窿
减20针
2-1-20
行针次

领窝
减10针
2-1-10
行针次

领窝
减10针
2-1-10
行针次

9cm
(40行)

14cm
(62行)

平收6针　　　平收6针

25cm
(94针)

21cm
(92行)

40cm
(176行)

前片
(10号棒针)

花样

5cm
(22行)

双罗纹

25cm
(94针)

双罗纹

②
①

③　①

花样

70　65　60　55　50　45　40　35　30　25　24　15　10　5　①

②
①

151

可爱毛绒外套

【成品尺寸】衣长 31cm　下摆 32cm　袖长 28cm

【工　具】10 号棒针 4 支　缝衣针 1 支

【材　料】黄色羊毛绒线 300g

【密　度】10cm² : 20 针 × 24 行

【附　件】纽扣 5 枚　原线编织绳子 2 根

【制作过程】

1. 毛衣用棒针编织，由两片前片、一片后片、两片袖片组成，从下往上编织。

2. 前片：分右前片和左前片编织。（1）右前片：用下针起针法起 32 针，先织 3cm 单罗纹后，改织花样，侧缝不用加减针，织 15cm 至袖窿。

（2）袖窿以上的编织：袖窿平收 4 针后，减 4 针，方法是：每织 2 行减 1 针减 4 次，平织 24 行至肩部。

（3）同时从袖窿算起至 9cm 时，门襟侧平收 4 针后，进行领窝减针，方法是：每 2 行减 2 针减 4 次，织 4cm 至肩部余 12 针。

（4）相同的方法、相反的方向编织左前片。

3. 后片：（1）用下针起针法起 64 针，先织 3cm 单罗纹后，改

织花样，侧缝不用加减针，织 15cm 至袖窿。

（2）袖窿以上的编织：袖窿两边平收 4 针后减针，方法与前片袖窿一样。领窝不用加减针，织 13cm 至肩部余 48 针。

4. 袖片：从袖口织起，下针起针法起 44 针，先织 3cm 单罗纹后，改织花样，袖下加 4 针，方法是：每 4 行加 1 针加 8 次，编织 17cm 至袖窿。两边分别平收 4 针后进行袖山减针，方法是：每 2 行减 2 针减 4 次，每 2 行减 1 针减 6 次，织完 8cm 后余 16 针，收针断线。同样方法编织另一袖片。

5. 缝合：将前片的侧缝与后片的侧缝对应缝合，前后片的肩部对应缝合，再将两袖片的袖山边线与衣身的袖窿边对应缝合。

6. 帽子：领圈边挑 84 针，织 21cm 花样，顶部 A 与 B 缝合，形成帽子。帽耳另织，起 8 针，织 10cm 花样，然后把全部针数索紧成帽耳。

7. 用缝衣针缝上原线编织的绳子。毛衣编织完成。

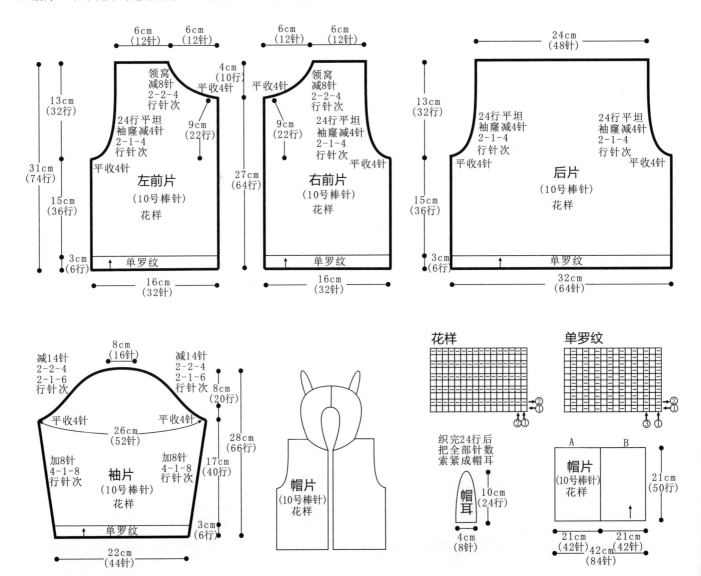

V领花纹毛衣

【成品尺寸】衣长36cm　胸宽31cm　袖长30cm
【工　　具】10号棒针4支　缝衣针1支
【材　　料】蓝色羊毛绒线300g　白色线少许
【密　　度】10cm² : 30针×40行

【制作过程】

1. 毛衣用棒针编织，由一片前片、一片后片、两片袖片组成，从下往上编织。

2. 前片：（1）用下针起针法起94针，先织4cm双罗纹后，改织全下针，并照彩图编入图案，侧缝不用加减针，织18cm至袖窿。

（2）袖窿以上的编织：袖窿两边平收5针，然后减针，方法是：每2行减1针减6次，余下针数不加不减织44行至肩部。

（3）同时进行领窝减针，中间领尖留2针，用于编织V领，然后分两边编织，领窝各减17针，方法是：每2行减1针减17次，共减17针，不加不减织22行至肩部余18针。

3. 后片：（1）用下针起针法起94针，先织4cm双罗纹后，改织全下针，并编入图案，侧缝不用加减针，织18cm至袖窿。

（2）袖窿以上的编织：袖窿两边平收5针，然后减针，方法是：

每2行减1针减6次，余下针数不加不减织44行至肩部。

（3）同时从袖窿算起织至12cm时，中间平收28针，进行领窝减针，方法是：每2行减1针减4次，至肩部余18针。

4. 袖片：从袖口织起，下针起针法起54针，织4cm双罗纹后，改织全下针，两边袖下加针，方法是：每6行加1针加12次，织21cm时，两边平收5针后，进行袖山减针，方法是：每2行减2针减9次，每2行减1针减1次，织5cm至顶部余30针。同样方法编织另一袖片。

5. 缝合：将前片的侧缝与后片的侧缝对应缝合，前后片的侧缝缝合，两袖片的袖下缝合后，与衣片的袖窿边缝合。

6. 领子：领圈边挑160针，按领口花样图解织12行双罗纹，形成V领。毛衣编织完成。

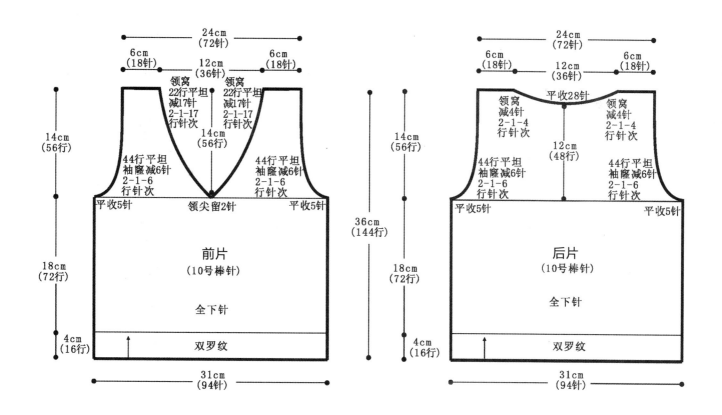

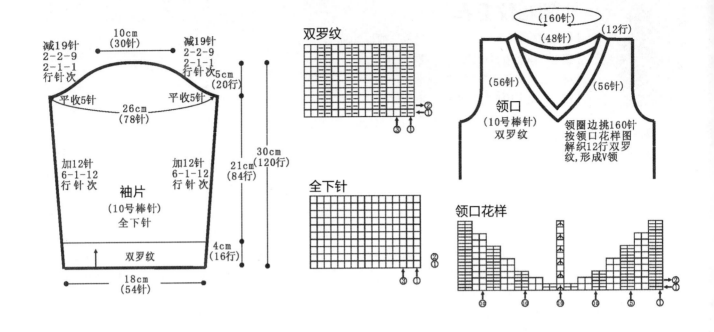

双罗纹

减19针
2-2-9
2-1-1
行针次

10cm
(30针)

减19针
2-2-9
2-1-1
行针次

5cm
(20行)

平收5针

平收5针

26cm
(78针)

加12针
6-1-12
行针次

加12针
6-1-12
行针次

30cm
(120行)

21cm
(84行)

袖片
(10号棒针)
全下针

全下针

双罗纹

4cm
(16行)

18cm
(54针)

(160针)

(48针)

(12行)

(56针)

(56针)

领口
(10号棒针)
双罗纹

领圈边挑160针
按领口花样图
解织12行双罗
纹,形成V领

领口花样

本
本
本

百搭时尚开衫

【成品尺寸】 衣长 45cm　下摆 34cm　袖长 40cm

【工　　具】 10号棒针4支　缝衣针1支

【材　　料】 深绿色羊毛绒线 400g

【密　　度】 10cm² : 34针×48行

【附　　件】 纽扣5枚

【制作过程】

1. 毛衣用棒针编织,由两片前片、一片后片、两片袖片组成,从下往上编织。

2. 前片:分右前片和左前片编织。(1)右前片:用下针起针法起58针,织花样,侧缝不用加减针,织29cm至袖窿。

(2)袖窿以上的编织:右侧袖窿平收6针后减针,方法是:每织2行减2针减4次,共减8针,不加不减平织68行至肩部。

(3)同时进行领窝减针,方法是:每2行减1针减14次,织至肩部余30针。

(4)相同的方法、相反的方向编织左前片。

3. 后片:(1)用机器边起针法起116针,织花样,侧缝不用加减针,织29cm至袖窿。

(2)袖窿以上的编织:袖窿开始平收6针后减针,方法与前片袖窿一样,不用领窝减针,至顶部余88针。

4. 袖片:从袖口织起,用下针起针法起54针,改织花样,袖下两边加14针,方法是:每10行加1针加14次,编织30cm至袖窿。开始两边袖山减针,方法是:两边分别每2行减1针减24次,共减24针,编织完10cm后余34针,收针断线。同样方法编织另一袖片。

5. 缝合:将前片的侧缝与后片的侧缝对应缝合,前后片的肩部对应缝合,再将两袖片的袖下缝合后,袖山边线与衣身的袖窿边对应缝合。

6. 领片:两边门襟至领片另织,起400针,织花样,织至3cm时,在中间加204针编织领片。

7. 用缝衣针把门襟与衣片缝合,形成门襟翻领。缝上纽扣。

8. 口袋:起14针,织花样,在两边各加10针,方法是:每2行加2针加5次,针数为34针,织10cm,缝合到前片相应的位置上。毛衣编织完成。

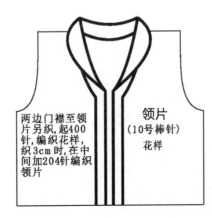

两边门襟至领片另织,起400针,编织花样,织3cm时,在中间加204针编织领片

领片
(10号棒针)
花样

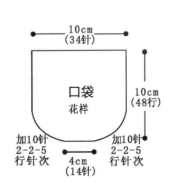

10cm
(34针)

口袋
花样

10cm
(48行)

加10针
2-2-5
行针次

加10针
2-2-5
行针次

4cm
(14针)

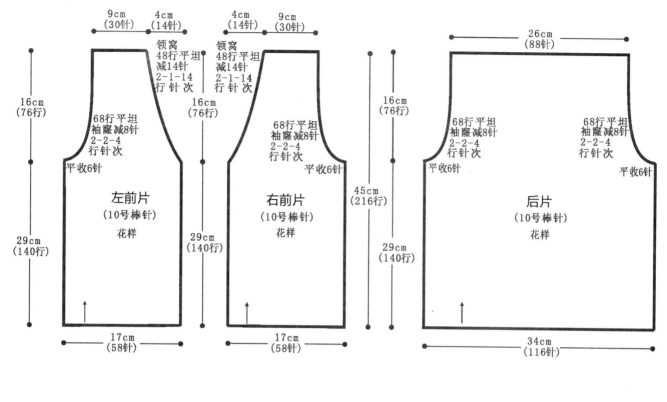

左前片
(10号棒针)
花样

9cm
(30针)

4cm
(14针)

领窝
48行平坦
减14针
2-1-14
行针次

16cm
(76行)

68行平坦
袖窿减8针
2-2-4
行针次

平收6针

29cm
(140行)

17cm
(58针)

右前片
(10号棒针)
花样

4cm
(14针)

9cm
(30针)

领窝
48行平坦
减14针
2-1-14
行针次

16cm
(76行)

68行平坦
袖窿减8针
2-2-4
行针次

平收6针

29cm
(140行)

17cm
(58针)

45cm
(216行)

后片
(10号棒针)
花样

26cm
(88针)

16cm
(76行)

68行平坦
袖窿减8针
2-2-4
行针次

平收6针

68行平坦
袖窿减8针
2-2-4
行针次

平收6针

29cm
(140行)

34cm
(116针)

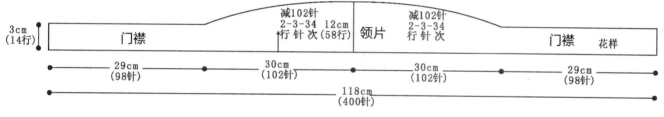

3cm
(14行)

门襟

减102针
2-3-34
行针次

12cm
(58行)

领片

减102针
2-3-34
行针次

门襟   花样

29cm
(98针)

30cm
(102针)

30cm
(102针)

29cm
(98针)

118cm
(400针)

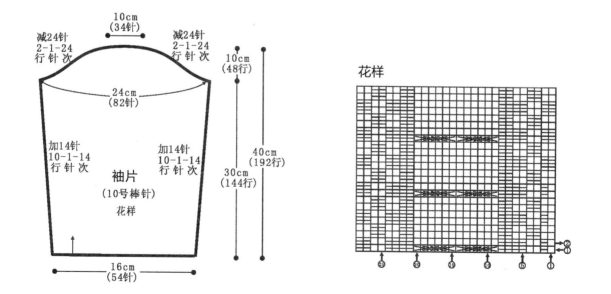

10cm
(34针)

减24针
2-1-24
行针次

减24针
2-1-24
行针次

10cm
(48行)

24cm
(82针)

加14针
10-1-14
行针次

袖片
(10号棒针)
花样

加14针
10-1-14
行针次

40cm
(192行)

30cm
(144行)

16cm
(54针)

花样

155

紫色小花背心裙

【成品尺寸】衣长 42cm　胸宽 28cm　下摆 35cm

【工　　具】10 号棒针 4 支　缝衣针、钩针各 1 支

【材　　料】浅紫色羊毛绒线 400g

【密　　度】10cm²：30 针 ×40 行

【附　　件】毛线绒球 2 个　钩针花朵 3 朵

【制作过程】

1. 毛衣用棒针编织，由一片前片、一片后片组成，从下往上编织。

2. 前片：（1）用下针起针法起 104 针织花样，侧缝减针，方法是：每 10 行减 1 针减 10 次，织 26cm 至袖窿。

（2）袖窿以上的编织：改织全下针，两边袖窿平收 8 针后减针，方法是：每 2 行减 2 针减 3 次，各减 6 针，不加不减织 58 行。

（3）同时从袖窿算起织至 8cm 时，开始开领窝，中间平收 20 针，然后两边减针，方法是：每 2 行减 2 针减 6 次，各减 12 针，不加不减织 20 行至肩部余 6 针。

3. 后片：（1）袖窿和袖窿以下的编织方法与前片袖窿一样。

（2）同时织至从袖窿算起 14cm 时，进行领窝减针，中间平收 36 针，然后两边减针，方法是：每 2 行减 1 针减 4 次，至肩部余 6 针。

4. 缝合：将前片的侧缝与后片的侧缝对应缝合，前片的肩部与后片的肩部缝合。

5. 袖口：两边袖口分别挑 136 针，环织 12 行双罗纹。

6. 领子：领圈边挑 130 针，先织 6 行双罗纹后，改织 8 行全下针，形成卷边圆领。

7. 前片缝上钩针花朵，下摆两边缝上毛线绒球。毛衣编织完成。

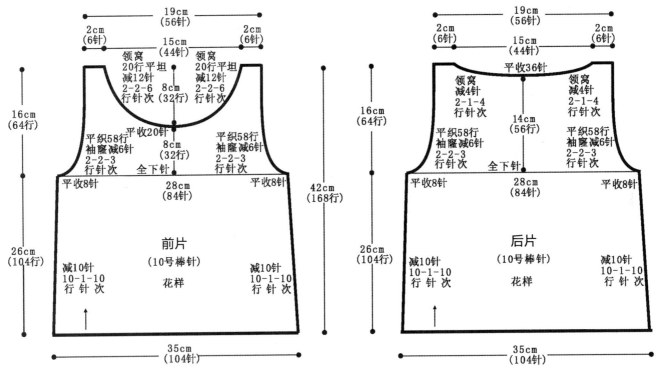

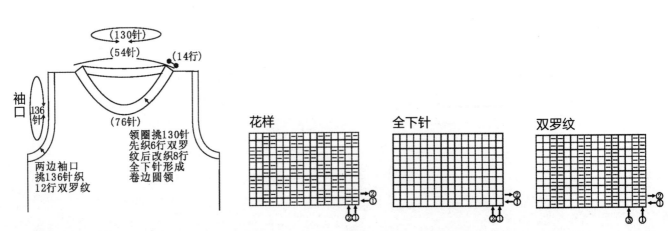

百搭马甲

【成品尺寸】衣长 38cm　下摆 34cm
【工　　具】10 号棒针 4 支　缝衣针 1 支
【材　　料】浅黄色羊毛绒线 300g　红色、黄色等线少许
【密　　度】10cm² ：30 针 ×40 行
【附　　件】纽扣 5 枚　花样亮珠 2 枚

【制作过程】

1. 毛衣用棒针编织,由两片前片、一片后片组成,从下往上编织。

2. 前片:分右前片和左前片编织。(1)右前片：用下针起针法起 51 针,先织 3cm 单罗纹后,改织全下针,左前片织花样,侧缝不用加减针,织至 19cm 至袖隆。

(2)袖隆以上的编织:右侧袖隆平收 4 针后减针,方法是:每织 2 行减 1 针减 5 次,共减 5 针,不加不减平织 54 行至肩部。

(3)同时织至从袖隆算起 8cm 时进行领窝减针,门襟处平收 5 针后减针,方法是:每 4 行减 2 针减 8 次,不加不减织至肩部余 21 针。

(4)相同的方法、相反的方向编织左前片。

3. 后片:(1)用下针起针法起 102 针,先织 3cm 单罗纹后,改织全下针,侧缝不用加减针,织 19cm 至袖隆。

(2)袖隆以上的编织:袖隆平收 4 针后减针,方法与前片袖隆一样。

(3)同时织至从袖隆算起 14cm 时,开后领窝,中间平收 34 针,两边各减 4 针,方法是:每 2 行减 1 针减 4 次,织至两边肩部余 21 针。

4. 缝合:将前片的侧缝与后片的侧缝对应缝合,前后片的肩部对应缝合。

5. 袖口:两边袖口分别挑 60 针,圈织 12 行单罗纹。同样方法编织另一袖口。

6. 领子:领圈边挑 88 针,织 12 行单罗纹,形成圆领。

7. 两边门襟分别挑 74 针,织 12 行单罗纹,左门襟均匀地开纽扣孔。

8. 用缝衣针缝上纽扣和前片花样的亮珠。前片用红色线等按彩图绣上装饰花。毛衣编织完成。

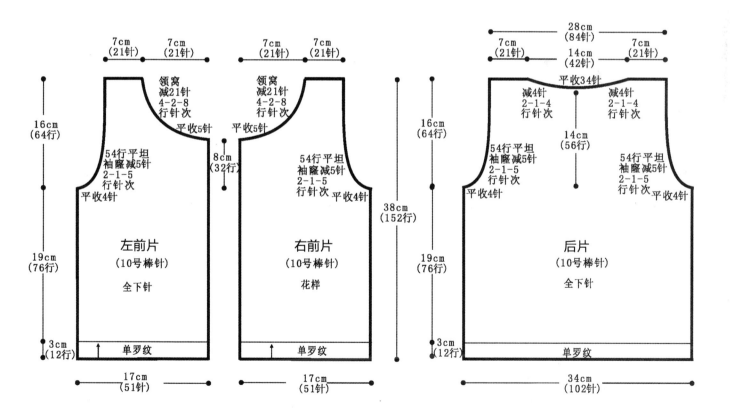

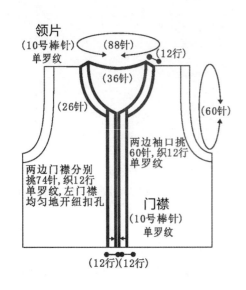

领片
(10号棒针)
单罗纹

(88针)

(12行)

(36针)

(26针)

(60针)

两边袖口挑
60针，织12行
单罗纹

两边门襟分别
挑74针，织12行
单罗纹，左门襟
均匀地开纽扣孔

门襟
(10号棒针)
单罗纹

(12行)(12行)

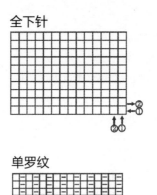

全下针

单罗纹

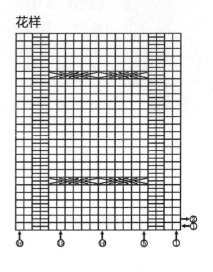

花样

黑白拼接背心裙

【成品尺寸】衣长34cm　胸宽22cm　下摆30cm

【工　　具】10号棒针4支　缝衣针1支

【材　　料】黑色、白色羊毛绒线各200g

【密　　度】10cm²：30针×40行

【附　　件】纽扣4枚

【制作过程】

1. 毛衣用棒针编织，由一片前片、一片后片组成，从下往上编织。

2. 前片：（1）用下针起针法起90针，先织2cm花样A后，改织全下针，侧缝不用加减针，两边留5针继续织花样A，其余改织全下针并配色，织17cm至袖窿。

（2）袖窿以上的编织：织片分散减24针，此时针数为66针，袖窿两边在5针花样A的内侧减针，方法是：每2行减2针减6次，共减12针，余下针数不加不减织48行至肩部。

（3）同时从袖窿算起织至9cm时，开始领窝减针，中间平收12针，两边各减6针，方法是：每4行减2针减6次，至肩部余9针。

3. 后片：（1）袖窿和袖窿以下的编织方法与前片一样。

（2）同时从袖窿算起织至11cm时，开始领窝减针，中间平收16针，两边各减4针，方法是：每4行减1针减4次，至肩部余9针。

4. 缝合：将前片的侧缝与后片的侧缝对应缝合，前后片的肩部对应缝合。

5. 领子：领圈边挑112针，织2cm花样A，形成圆领。

6. 两边侧缝衬边另织，起12针，织8cm花样B，缝合到侧缝相应的位置上。

7. 口袋：起18针，先织4cm全下针后，改织2cm花样B，缝合到前片相应的位置上。

8. 缝上纽扣。毛衣编织完成。

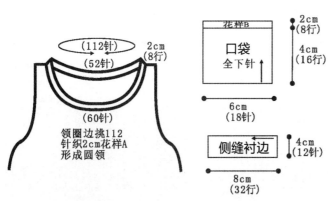

(112针)　2cm
(8行)

(52针)

(60针)

领圈边挑112
针织2cm花样A
形成圆领

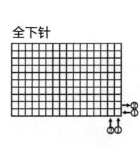

花样B

口袋
全下针

2cm
(8行)

4cm
(16行)

6cm
(18针)

侧缝衬边

4cm
(12针)

8cm
(32行)

花样B

全下针

花样A

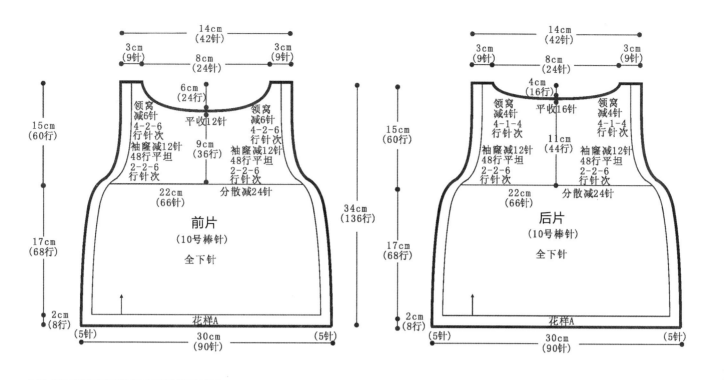

一字领花朵背心

【成品尺寸】衣长 34cm　下摆 33cm

【工　　具】10 号棒针 4 支　缝衣针、钩针各 1 支

【材　　料】灰色羊毛绒线 200g　玫红色线少许

【密　　度】10cm² ：26 针 ×38 行

【附　　件】钩花亮珠若干

【制作过程】

1. 毛衣用棒针编织，由一片前片、一片后片组成，从下往上编织。

2. 前片：（1）用下针起针法起 86 针，先织 3cm 双罗纹后，改织全下针并配色，侧缝不用加减针，织 17cm 至袖窿。

（2）袖窿以上的编织：两边袖窿平收 6 针后减针，方法是：每 2 行减 1 针减 8 次，各减 8 针，不加不减织 36 行至肩部。

（3）同时从袖窿算起织至 7cm 时，开始开领窝，中间平收 30 针，然后两边减针，方法是：每 2 行减 1 针减 6 次，共减 6 针，不加不减织 14 行至肩部余 8 针。

3. 后片：（1）袖窿和袖窿以下的编织方法与前片袖窿一样。

（2）同时从袖窿算起织至 12cm 时，开始领窝减针，中间平收 34 针，然后两边减 4 针，方法是：每 2 行减 1 针减 4 次，织至肩部余 8 针。

4. 缝合：将前片的侧缝与后片的侧缝对应缝合，前片的肩部与后片的肩部缝合。

5. 袖口：用钩针红色线钩织花边。

6. 领子：领圈边用钩针红色线钩织花边，形成圆领。

7. 用钩针起 50 针辫子针，按花样 A 钩织大花朵，完成后把钩花卷起来，形成大花朵。小花朵按花样 B 钩织，同样卷起来钩织 4 朵，中间缝上亮珠作为花芯，做成钩织前片花朵，缝上于前片相应的位置，并缝上钩花的亮珠。毛衣编织完成。

花样 B

钩针花边

花样 A

全下针　　双罗纹

袖口　领口　领圈用钩针钩织花边形成圆领　两边袖口用钩针钩织花边

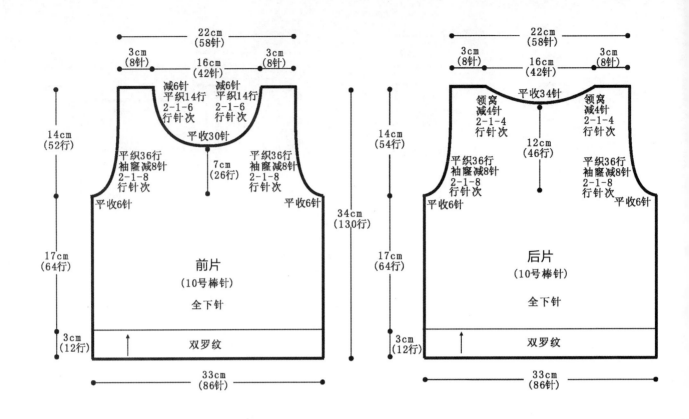

前片
（10号棒针）

全下针

双罗纹

22cm（58针）
3cm（8针）
16cm（42针）
3cm（8针）
减6针 平织14行 2-1-6 行针次
平收30针
平织36行 袖窿减8针 2-1-8 行针次
7cm（26行）
平收6针
14cm（52行）
17cm（64行）
3cm（12行）
33cm（86针）

后片
（10号棒针）

全下针

双罗纹

22cm（58针）
3cm（8针）
16cm（42针）
3cm（8针）
领窝 减4针 2-1-4 行针次
平收34针
12cm（46行）
平织36行 袖窿减8针 2-1-8 行针次
平收6针
14cm（54行）
17cm（64行）
3cm（12行）
34cm（130行）
33cm（86针）

红色翻领斗篷

【成品尺寸】衣长 33cm　下摆 108cm

【工　　具】10 号棒针 4 支　缝衣针 1 支

【材　　料】红色羊毛绒线 300g

【密　　度】10cm² ：24 针 ×32 行

【制作过程】

1. 毛衣用棒针编织，为一片式横向编织。

2. 从 A 起织，用下针起针法起 80 针，织退引针法的花样 A，其中外圆的 10 针织花样 B，织至外圆 108cm 处，收针断线。

3. A 与 B 缝合，形成披肩。

4. 领片：领圈边挑 80 针，织 10cm 单罗纹，形成翻领。毛衣编织完成。

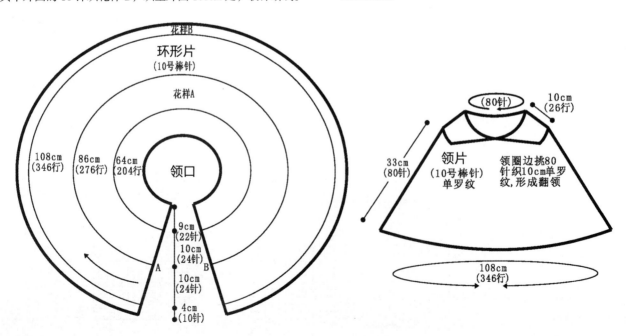

花样B
环形片
（10号棒针）
花样A
108cm（346行）　86cm（276行）　64cm（204行）　领口
9cm（22针）
10cm（24针）
A　　B
10cm（24针）
4cm（10针）

（80针）
10cm（26行）
领片
（10号棒针）单罗纹
33cm（80针）
领圈边挑80针织10cm单罗纹，形成翻领
108cm（346行）

単罗纹

花样A

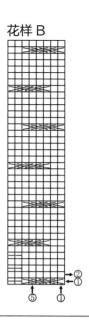
花样B

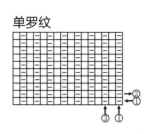
高领拼色毛衣

【成品尺寸】衣长36cm　下摆29cm　袖长31cm

【工　　具】10号棒针4支　缝衣针1支

【材　　料】白色羊毛绒线200g　蓝色、红色、黄色线少许

【密　　度】10cm² : 30针×40行

【制作过程】

1. 毛衣用棒针编织，由一片前片、一片后片、两片袖片组成，从下往上编织。

2. 前片：（1）用下针起针法起88针，先织4cm双罗纹后，改织全下针，并配色和编入图案，侧缝不用加减针，织18cm至袖窿。

（2）袖窿以上的编织：两边袖窿平收4针后减针，方法是：每2行减1针减4次，各减4针，余下针数不加不减织48行至肩部。

（3）同时从袖窿算起织至10cm时，开始领窝减针，中间平收28针，然后两边减针，方法是：每2行减2针减5次，各减10针，平织6行至肩部余12针。

3. 后片：（1）袖窿和袖窿以下编织方法与前片一样。

（2）同时织至袖窿算起12cm时，开后领窝，中间平收40针，两边减针，方法是：每2行减1针减4次，织至两边肩部余12针。

4. 袖片：用下针起针法起54针，织6cm双罗纹后，改织全下针，并配色，袖下加针，方法是：每4行加1针加12次，织17cm后，两边各平收4针，开始袖山减针，方法是：每2行减2针减6次，每2行减1针减10次，织8cm至顶部余26针。

5. 缝合：将前片的侧缝与后片的侧缝对应缝合，前片的肩部与后片的肩部缝合，两边袖片的袖下缝合后，分别与衣片的袖边缝合。

6. 领圈：领圈边挑120针，圈织14cm双罗纹，形成高领。毛衣编织完成。

图案

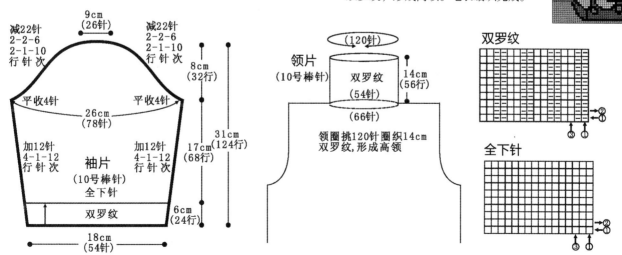

减22针
2-2-6
2-1-10
行针次

9cm
(26针)

减22针
2-2-6
2-1-10
行针次

8cm
(32行)

平收4针　　平收4针

26cm
(78针)

加12针
4-1-12
行针次

袖片
(10号棒针)
全下针

加12针
4-1-12
行针次

31cm
(124行)

17cm
(68行)

双罗纹

6cm
(24行)

18cm
(54针)

领片
(10号棒针)

(120针)

双罗纹
(54针)

(66针)

14cm
(56行)

领圈挑120针圈织14cm
双罗纹,形成高领

双罗纹

全下针

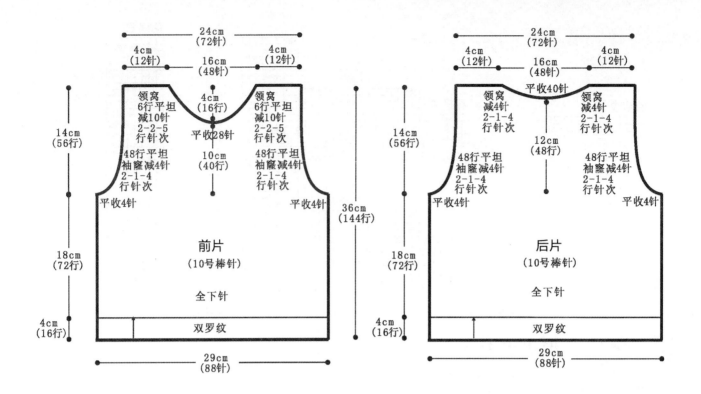

前片图示：
- 24cm（72针）
- 4cm（12针）／16cm（48针）／4cm（12针）
- 4cm（16行）
- 领窝 6行平坦 减10针 2-2-5 行针次
- 平收28针
- 10cm（40行）
- 48行平坦 袖窿减4针 2-1-4 行针次
- 领窝 6行平坦 减10针 2-2-5 行针次
- 48行平坦 袖窿减4针 2-1-4 行针次
- 平收4针
- 14cm（56行）
- 36cm（144行）
- 平收4针
- 前片（10号棒针）
- 全下针
- 18cm（72行）
- 双罗纹
- 4cm（16行）
- 29cm（88针）

后片图示：
- 24cm（72针）
- 4cm（12针）／16cm（48针）／4cm（12针）
- 平收40针
- 领窝 减4针 2-1-4 行针次
- 领窝 减4针 2-1-4 行针次
- 12cm（48行）
- 48行平坦 袖窿减4针 2-1-4 行针次
- 48行平坦 袖窿减4针 2-1-4 行针次
- 平收4针
- 平收4针
- 14cm（56行）
- 36cm（144行）
- 后片（10号棒针）
- 全下针
- 18cm（72行）
- 双罗纹
- 4cm（16行）
- 29cm（88针）

树叶花纹毛衣

【成品尺寸】衣长 55cm　下摆 36cm　袖长 48cm

【工　　具】10 号棒针 4 支　缝衣针 1 支

【材　　料】黄色羊毛绒线 400g　红色线少许

【密　　度】10cm² : 30 针 × 40 行

【制作过程】

1. 毛衣用棒针编织，由一片前片、一片后片、两片袖片组成，从下往上编织。

2. 前片：（1）用下针起针法起 108 针，先织 5cm 双罗纹后，改织花样并配色，侧缝不用加减针，织 34cm 至袖窿。

（2）袖窿以上的编织：两边袖窿平收 4 针后减针，方法是：每 2 行减 1 针减 5 次，各减 5 针，不加不减织 54 行至肩部。

（3）同时织至袖窿算起 10cm 时，开始开领窝，中间平收 18 针，然后两边减针，方法是：每 2 行减 1 针减 12 次，各减 12 针，不加不减织至肩部余 24 针。

3. 后片：（1）用下针起针法起 108 针，先织 5cm 双罗纹后，改织花样并配色，侧缝不用加减针，织 34cm 至袖窿。

（2）袖窿以上的编织：两边袖窿平收 4 针后减针，方法是：每 2 行减 1 针减 5 次，各减 5 针，不加不减织 54 行至肩部。

（3）同时织至从袖窿算起 14cm 时，开始开领窝，中间平收 34 针，然后两边减针，方法是：每 2 行减 1 针减 4 次，至肩部余 24 针。

4. 袖片：用下针起针法起 52 针，织 5cm 双罗纹后，改织全下针，袖下加针，方法是：每 8 行加 1 针加 14 次，织至 33cm 时，两边平收 4 针，开始袖山减针，方法是：每 2 行减 2 针减 8 次，每 2 行减 1 针减 12 次，各减 28 针，至顶部余 16 针。

5. 缝合：将前片的侧缝与后片的侧缝对应缝合，前片的肩部与后片的肩部缝合，两边袖片的袖下缝合后，分别与衣片的袖边缝合。

6. 领片：领圈边挑 166 针，圈织 5cm 双罗纹，并配色，形成圆领。毛衣编织完成。

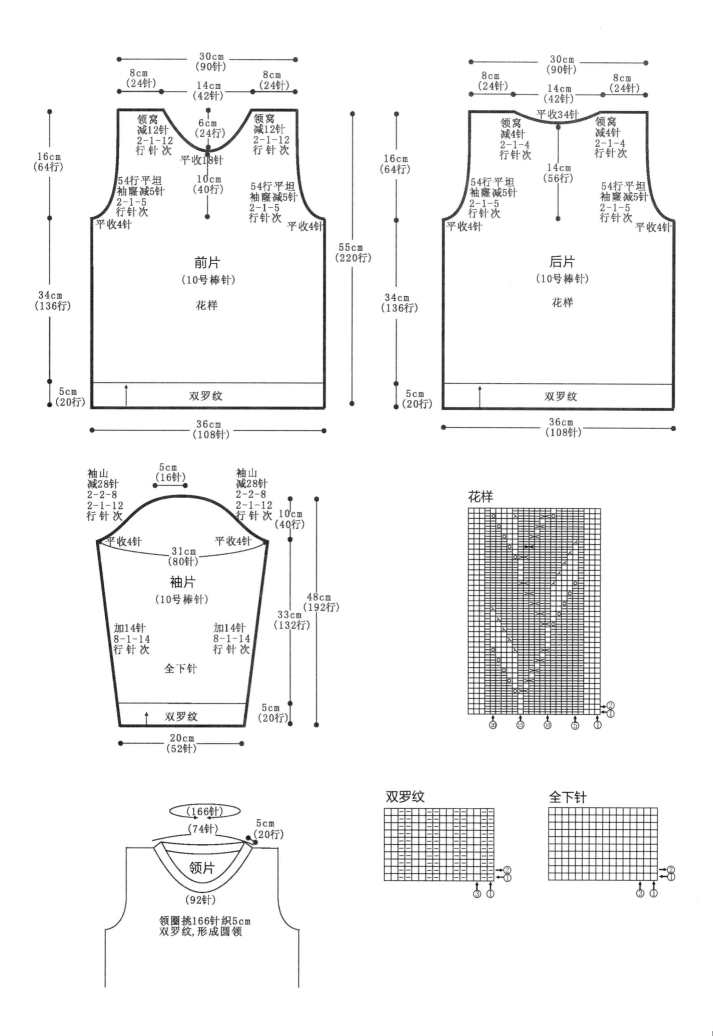

前片
（10号棒针）
花样

30cm
（90针）
8cm
（24针）
14cm
（42针）
8cm
（24针）
领窝
减12针
2-1-12
行针次
6cm
（24行）
领窝
减12针
2-1-12
行针次
平收18针
10行
（40行）
16cm
（64行）
54行平坦
袖窿减5针
2-1-5
行针次
平收4针
54行平坦
袖窿减5针
2-1-5
行针次
平收4针
34cm
（136行）
55cm
（220行）
5cm
（20行）
双罗纹
36cm
（108针）

后片
（10号棒针）
花样

30cm
（90针）
8cm
（24针）
14cm
（42针）
8cm
（24针）
平收34针
领窝
减4针
2-1-4
行针次
领窝
减4针
2-1-4
行针次
14cm
（56行）
16cm
（64行）
54行平坦
袖窿减5针
2-1-5
行针次
平收4针
54行平坦
袖窿减5针
2-1-5
行针次
平收4针
34cm
（136行）
5cm
（20行）
双罗纹
36cm
（108针）

袖片
（10号棒针）

5cm
（16针）
袖山
减28针
2-2-8
2-1-12
行针次
袖山
减28针
2-2-8
2-1-12
行针次
10cm
（40行）
平收4针
31cm
（80针）
平收4针
加14针
8-1-14
行针次
加14针
8-1-14
行针次
48cm
（192行）
33cm
（132行）
全下针
双罗纹
5cm
（20行）
20cm
（52针）

花样

双罗纹

全下针

领片

（166针）
（74针）
5cm
（20行）
（92针）
领圈挑166针织5cm
双罗纹,形成圆领

163

玫红色螺纹毛衣

【成品尺寸】衣长 41cm　下摆 35cm　袖长 41cm

【工　具】10 号棒针 4 支　缝衣针 1 支

【材　料】玫红色羊毛绒线 400g

【密　度】$10cm^2$：30 针 ×40 行

【制作过程】

1. 毛衣用棒针编织，由一片前片、一片后片、两片袖片组成，从上往下编织。

2. 领口环形片：用下针起针法起 88 针，先织 6 行全下针，再织 6 行双罗纹，形成圆领，然后继续往下环织花样 A，并按花样 A 加针，织 10 行加第一次针，每织 3 针加 1 针，织 10 行加第二次针，每 3 针加 1 针，织 10 行加第三次针，每 3 针加 1 针，织 10 行加第四次针，每 4 针加 1 针，织完 15cm 时，共加 260 针，织片的针数为 348 针，环形片完成。

3. 开始分出前片、后片和两片袖片。（1）前片：分出 98 针，并在两边各平加 4 针，共 106 针，继续编织全下针，侧缝不用加减针，织至 17cm 时改织 4cm 花样 B，再改织 5cm 双罗纹，收针断线。（2）后片：分出 98 针，编织方法与前片一样。

4. 袖片：左袖片分出 76 针，并在两边各平加 4 针，共 84 针，继续编织全下针，袖下减针，方法是：每 4 行减 1 针减 12 次，织至 17cm 时，改织 4cm 花样 B，再改织 5cm 双罗纹，收针断线。同样方法编织右袖片。

5. 缝合：将前片的侧缝和后片的侧缝缝合，两袖片的袖下分别缝合。毛衣编织完成。

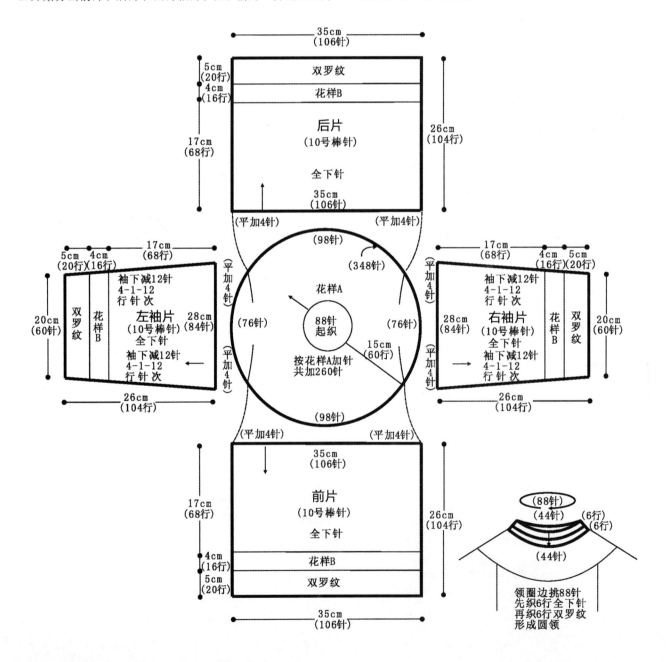

164

双罗纹

全下针

花样 A

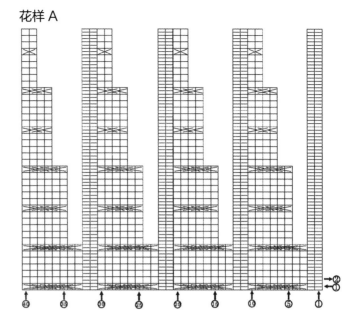

花样 B

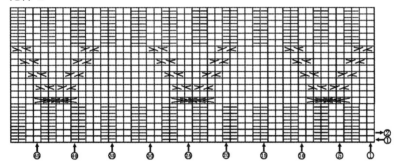

浅黄色短袖开衫

【成品尺寸】衣长 38cm　下摆 29cm　连肩袖长 13cm

【工　　具】10 号棒针 4 支　缝衣针 1 支

【材　　料】米色羊毛绒线 300g

【密　　度】10cm² : 28 针 × 38 行

【附　　件】纽扣 1 枚

【制作过程】

1. 毛衣用棒针编织, 为一片式, 从左往右横向编织。

2.（1）从右前片起织, 用下针起针法起 106 针, 先织 4cm 双罗纹门襟。

（2）开始排花样, 依次为 28 针花样 A、66 针花样 B、12 针花样 C, 继续编织。

（3）织至 14.5cm 时, 侧缝处平收 70 针, 并把袖口的 8 针改织花样 C, 继续编织 24cm, 一边袖口编织完成。

（4）把之前平收的 70 针侧缝直加回来, 按开始时的排花继续编织后片, 织至 29cm 时, 继续另一边袖口的编织, 方法与前面袖口一样。

（5）把袖口减掉的 24 针加回来, 继续编织 14.5cm 左前片后, 改织 4cm 双罗纹门襟, 收针断线。

3. 把织片的 A 与 B 缝合, C 与 D 缝合。

4. 领圈边挑 96 针, 织 3cm 花样 A, 形成圆领。

5. 用缝衣针缝上纽扣。毛衣编织完成。

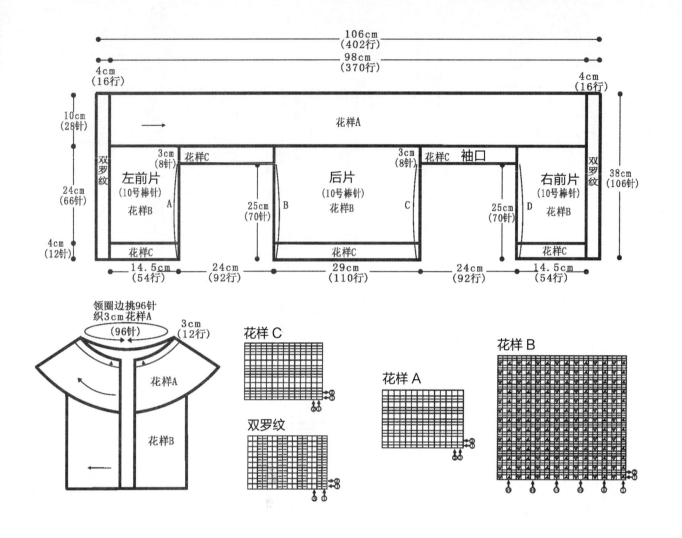

酒红色厚开衫

【成品尺寸】 衣长 38cm 下摆 26cm 袖长 33cm

【工　　具】 10 号棒针 4 支 缝衣针 1 支

【材　　料】 酒红色羊毛绒线 400g

【密　　度】 $10cm^2$：34 针 ×40 行

【附　　件】 纽扣 5 枚

【制作过程】

1. 毛衣用棒针编织，由一片式从下往上编织。

2. 先从下摆起针。（1）用下针起针法起 170 针，织 4cm 单罗纹后，改织花样，侧缝不用加减针，织至 5cm，两边前片开始开袋口，在门襟留 8 针后，中间织 24 针单罗纹袋口，然后把袋口的 24 针平收掉，两边 8 针留着待用，内衣袋另起 24 针织 30 行全下针，与刚才待用的两边 8 针合并，口袋编织完成，继续编织 20cm 至袖窿。

（2）袖窿以上的编织：开始分前后片，先织后片，分出 88 针，在两边袖窿平收 5 针，不加不减织 12cm 时开领窝，中间平收 22 针后，两边减针，方法是：每 2 行减 1 针减 4 次，至肩部余 24 针。

（3）左前片编织，分出 41 针，袖窿平收 5 针，不加不减织 56

行至肩部。同时门襟处织至 8cm 时进行领窝减针，方法是：每 2 行减 2 针减 6 次，不加不减织 12 行至肩部余 24 针。

（4）相同的方法、相反的方向编织右前片。

3. 袖片：从袖口织起，用下针起针法起 44 针，织 4cm 单罗纹后，改织花样，两边袖下加 8 针，方法是：每 10 行加 1 针加 8 次，编织 20cm 至袖窿，袖窿平收 4 针后，开始袖山减针，方法是：两边分别每 2 行减 1 针减 18 次，编织完 9cm 后余 16 针，收针断线。同样方法编织另一袖片。

4. 缝合：将前片的侧缝与后片的侧缝对应缝合，前后片的肩部对应缝合，再将两袖片的袖山边线与衣身的袖窿边对应缝合。

5. 门襟编织：两边门襟挑 114 针，织 12 行单罗纹，右片均匀地开纽扣孔共 5 个。

6. 领片：领圈边挑 112 针，织 12 行单罗纹，形成圆领。

7. 用缝衣针缝上纽扣，毛衣编织完成。

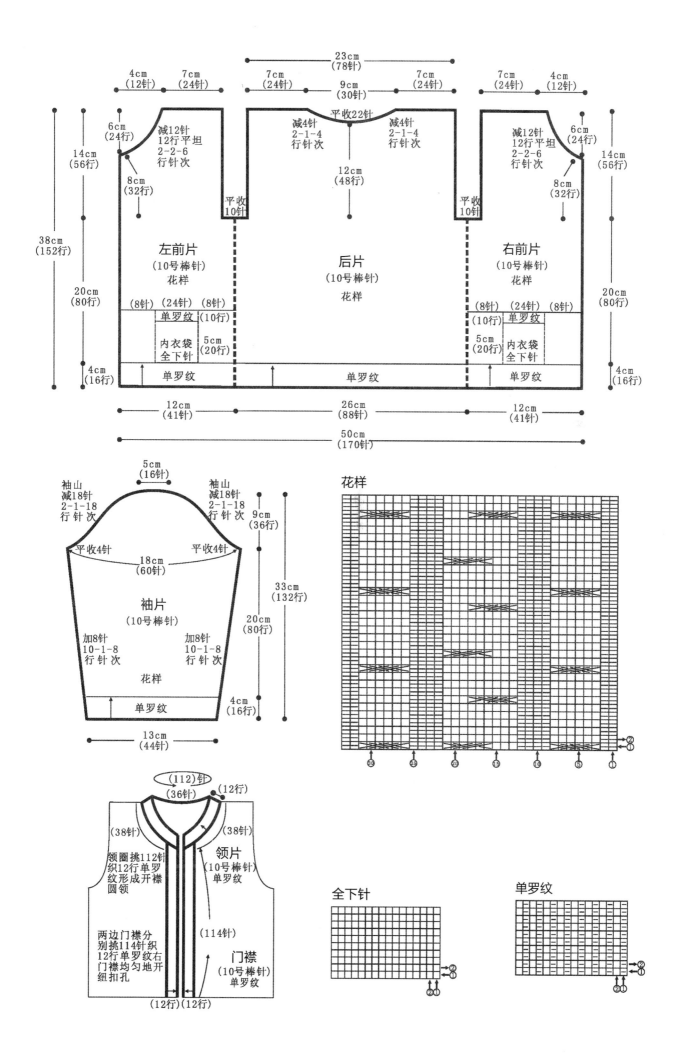

23cm
(78针)

4cm
(12针)　7cm
(24针)　　7cm
(24针)　9cm
(30针)　　7cm
(24针)　7cm
(24针)　4cm
(12针)

平收22针

6cm
(24行)

减12针
12行平坦
2-2-6
行针次

减4针
2-1-4
行针次

减4针
2-1-4
行针次

减12针
12行平坦
2-2-6
行针次

6cm
(24行)

14cm
(56行)

8cm
(32行)

12cm
(48行)

8cm
(32行)

14cm
(56行)

平收
10针

平收
10针

38cm
(152行)

左前片
(10号棒针)
花样

后片
(10号棒针)

花样

右前片
(10号棒针)
花样

20cm
(80行)

(8针)　(24针)　(8针)

(8针)　(24针)　(8针)

20cm
(80行)

单罗纹　(10行)

内衣袋
全下针　5cm
(20行)

(10行)　单罗纹

5cm
(20行)　内衣袋
全下针

4cm
(16行)

单罗纹

单罗纹

单罗纹

4cm
(16行)

12cm
(41针)

26cm
(88针)

12cm
(41针)

50cm
(170针)

袖山
减18针
2-1-18
行针次

5cm
(16针)

袖山
减18针
2-1-18
行针次

9cm
(36行)

平收4针

平收4针

18cm
(60针)

33cm
(132行)

袖片
(10号棒针)

20cm
(80行)

加8针
10-1-8
行针次

加8针
10-1-8
行针次

花样

单罗纹

4cm
(16行)

13cm
(44针)

花样

30　25　20　15　10　5　1

②
①

(112)针
(36针)　(12行)

(38针)　　(38针)

领圈挑112针
织12行单罗
纹形成开襟
圆领

领片
(10号棒针)
单罗纹

两边门襟分
别挑114针织
12行单罗纹右
门襟均匀地开
纽扣孔

(114针)

门襟
(10号棒针)
单罗纹

(12行)(12行)

全下针

②
①
②①

单罗纹

②
①
②①

167

连帽毛线开衫

【成品尺寸】衣长 40cm　下摆 28cm　袖长 34cm
【工　　具】10 号棒针 4 支　缝衣针、钩针各 1 支
【材　　料】黄色羊毛绒线 400g
【密　　度】10cm² : 30 针 ×40 行
【附　　件】纽扣 5 枚

【制作过程】

1. 毛衣用棒针编织，由两片前片、一片后片、两片袖片组成，从下往上编织。

2. 前片：分右前片和左前片编织。（1）右前片：用下针起针法起 42 针，先织 5cm 双罗纹后，改织花样 A，侧缝不用加减针，织 20cm 至袖窿。

（2）袖窿以上的编织：袖窿平收 4 针后减针，方法是：每织 2 行减 2 针减 3 次，平织 54 行至肩部。

（3）同时从袖窿算起织至 10cm 时，门襟侧平收 5 针后，进行领窝减针，方法是：每 2 行减 2 针减 5 次，织 10 行至肩部余 15 针。

（4）相同的方法、相反的方向编织左前片。

3. 后片：（1）用下针起针法起 84 针，先织 5cm 双罗纹后，改织花样 A，侧缝不用加减针，织 20cm 至袖窿。

（2）袖窿以上的编织：袖窿两边平收 4 针后减针，方法与前片袖窿一样。领窝不用加减针，织 15cm 至肩部余 60 针。

4. 袖片：从袖口织起，下针起针法起 54 针，先织 4cm 双罗纹后，织全下针，袖下加 6 针，方法是：每 14 行加 1 针加 6 次，编织 22cm 至袖窿。两边分别平收 4 针后进行袖山减针，方法是：每 2 行减 2 针减 5 次，每 2 行减 1 针减 10 次，织完 8cm 后余 18 针，收针断线。同样方法编织另一袖片。

5. 缝合：将前片的侧缝与后片的侧缝对应缝合，前后片的肩部对应缝合，再将两袖片的袖山边线与衣身的袖隆边对应缝合。

6. 帽子：领圈边挑 120 针，织 25cm 花样 A，顶部 A 与 B 缝合，形成帽子。

7. 两边门襟分别挑 106 针，编织 14 行双罗纹，右门襟均匀地开纽扣孔。

8. 前后片的口袋分别另织，起 24 针，织 8cm 花样 B 后改织 12 行双罗纹，边缘用钩针钩织花边，缝合于相应的位置上。帽檐用钩针按彩图钩织花边。用缝衣针缝上纽扣。毛衣编织完成。

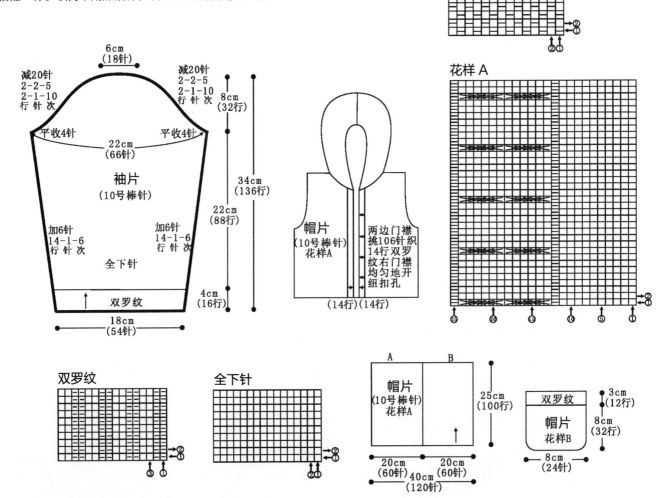

168

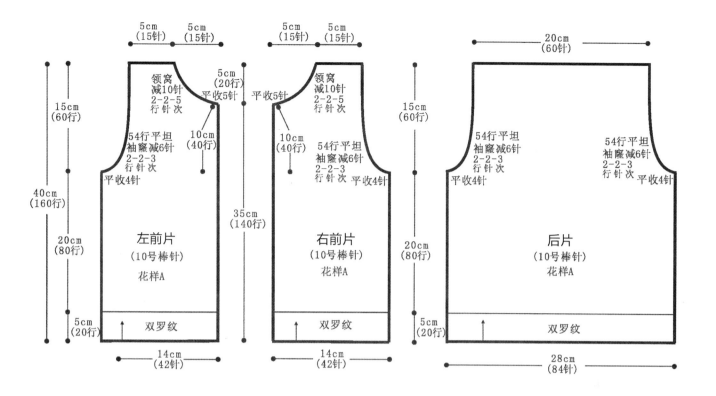

卡通条纹马甲

【成品尺寸】衣长 43cm　下摆 39cm

【工　　具】10号棒针 4 支　缝衣针 1 支

【材　　料】红色羊毛绒线 150g　咖啡色、米色线各少许

【密　　度】10cm² ：24 针 ×32 行

【附　　件】肩部装饰绳子 2 根　前片标识图案 1 枚　钩花 1 枚

【制作过程】

1. 毛衣用棒针编织，由一片前片、一片后片组成，从下往上编织。

2. 前片：（1）用下针起针法起 94 针，先织 4cm 花样 B 后，改织花样 A，侧缝不用加减针，织 23cm 至袖窿。

（2）袖窿以上的编织：两边袖窿平收 6 针后减针，方法是：每 2 行减 2 针减 4 次，各减 8 针，不加不减织 44 行。

（3）同时从袖窿算起至 8cm 时，开始开领窝，中间平收 22 针，然后两边减针，方法是：每 4 行减 2 针减 5 次各减 10 针，不加不减织 6 行至肩部余 12 针。

3. 后片：（1）袖窿和袖窿以下的编织方法与前片袖窿一样，后片编织全下针。

（2）同时织至从袖窿算起 14cm 时，进行领窝减针，中间平收 34 针，然后两边减针，方法是：每 2 行减 1 针减 4 次，至肩部余 12 针。

4. 缝合：将前片的侧缝与后片的侧缝对应缝合，前片的肩部与后片的肩部缝合。

5. 袖口：两边袖口分别挑 76 针，环织 10 行全下针，对折缝合，形成双层袖口。

6. 领子：领圈边挑 98 针，环织 10 行全下针，对折缝合，形成双层圆领。

7. 缝上前片标识图案和钩花，两边肩部缝上装饰绳子。毛衣编织完成。

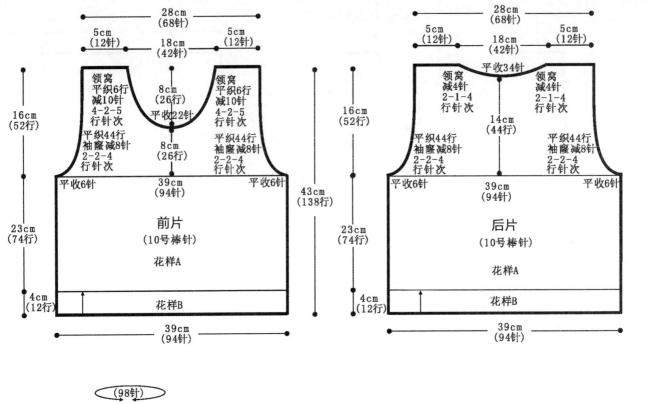

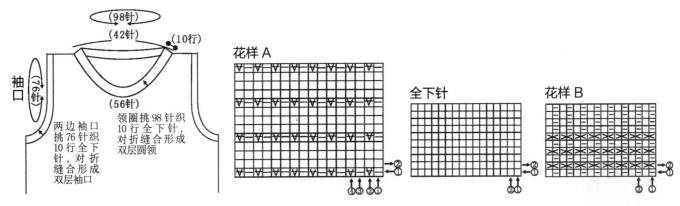

粉色毛线裙

【成品尺寸】衣长50cm 下摆34cm 袖长36cm

【工　　具】10号棒针4支 缝衣针1支

【材　　料】粉红色羊毛绒线400g

【密　　度】10cm² : 26针 ×34行

【制作过程】

1. 毛衣用棒针编织，由一片前片、一片后片、两片袖片组成，从上往下编织。

2. 领口环形片：从领圈起织，用下针起针法起96针，圈织10行单罗纹形成圆领，并开始分前后片和两边袖片，每分片的中间留2针径，并在两边加针，方法是：每2行加1针加24次，织完16cm时，织片的针数288针，环形片完成。

3. 开始分出前片、后片和两片袖片。（1）前片：分出80针，两边各平加4针至88针，继续织全下针，织5cm后，改织花

样，侧缝不用加减针，织至29cm时收针断线。（2）后片：分出80针，编织方法与前片一样。（3）左右袖片：左袖片分出64针，织全下针，袖下减针，方法是：每4行减1针减14次，织至17cm后，改织3cm花样，收针断线。同样方法编织右袖片。

4. 缝合：将前片的侧缝和后片的侧缝缝合，两袖片的袖下分别缝合。

5. 前后片的单罗纹处另织，起88针，织6行单罗纹，分别缝合到前后片相应的位置上。毛衣编织完成。

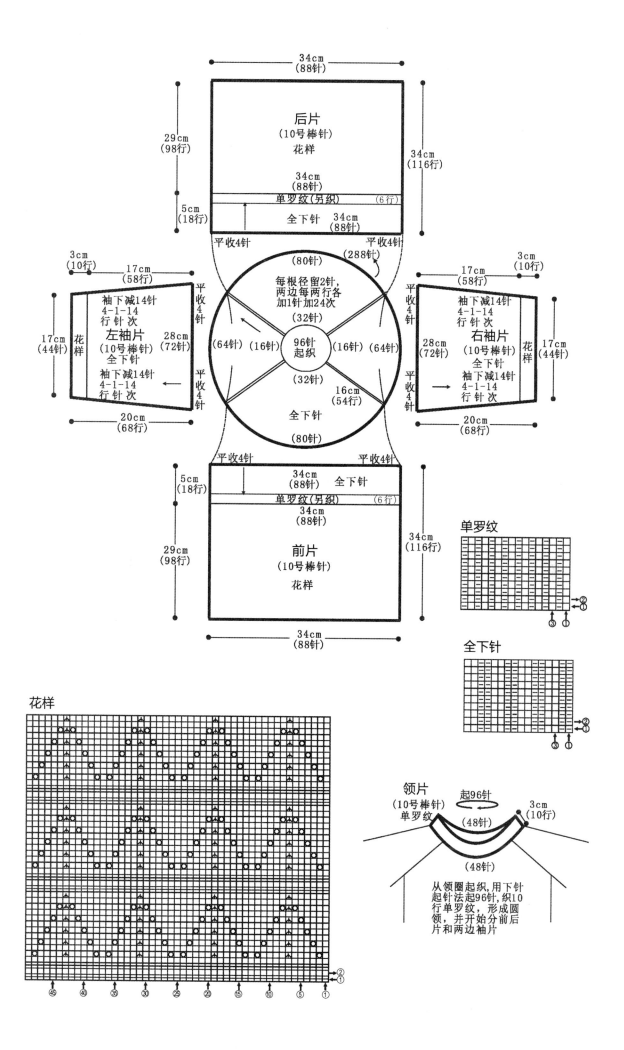

蝴蝶结休闲毛衣

【成品尺寸】衣长 46cm　下摆 43cm　胸围 33cm　袖长 39cm
【工　　具】10 号棒针 4 支　缝衣针、钩针各 1 支
【材　　料】灰色羊毛绒线 300g
【密　　度】10cm²：26 针 × 34 行
【附　　件】钩针装饰花朵 3 朵

【制作过程】

1. 毛衣用棒针编织，由一片前片、一片后片、两片袖片组成，从下往上编织。

2. 前片：（1）用下针起针法起 110 针，编织 12cm 花样后，改织全下针，侧缝两边减针，方法是：每 4 行减 1 针减 6 次，织 18cm 至袖窿。

（2）袖窿以上的编织：两边袖窿平收 5 针后减针，方法是：每 2 行减 2 针减 3 次，各减 6 针，不加不减织 48 行至肩部。

（3）同时织至袖窿算起 8cm 时，开始开领窝，平分两边减针，方法是：每 2 行减 1 针减 14 次，各减 14 针，织至肩部余 18 针。

3. 后片：（1）用下针起针法起 110 针，编织 12cm 花样后，改织全下针，侧缝两边不用加减针，织 18cm 至袖窿，并在中间打皱褶，此时针数为 86 针。

（2）袖窿以上的编织：两边袖窿平收 5 针后减针，方法是：每 2 行减 2 针减 3 次，各减 6 针，不加不减织 16cm 至肩部，不用开领窝，织至肩部余 64 针。

4. 袖片：用下针起针法起 56 针，织 4cm 单罗纹后，改织全下针，袖下加针，方法是：每 6 行加 1 针加 12 次，织至 26cm 时，两边平收 5 针，开始袖山减针，方法是：每 2 行减 2 针减 8 次，每 2 行减 1 针减 6 次，各减 22 针，至顶部余 26 针。

5. 缝合：将前片的侧缝与后片的侧缝对应缝合，前片的肩部与后片的肩部缝合，两边袖片的袖下缝合后，分别与衣片的袖边缝合。

6. 领片：分左右两片编织，分别起 46 针，织 14 行单罗纹，形成翻领，并用钩针在翻领的边缘钩织花边。

7. 用钩针按彩图钩织下摆花边，缝上钩针装饰花朵。毛衣编织完成。

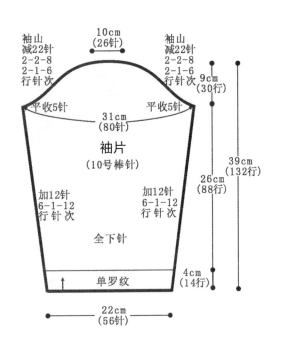

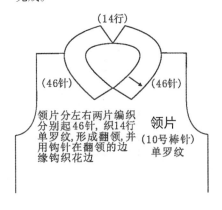

领片分左右两片编织分别起 46 针，织 14 行单罗纹，形成翻领，并用钩针在翻领的边缘钩织花边

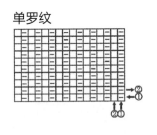

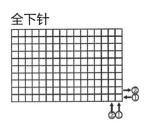

花样

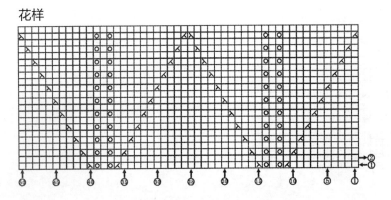

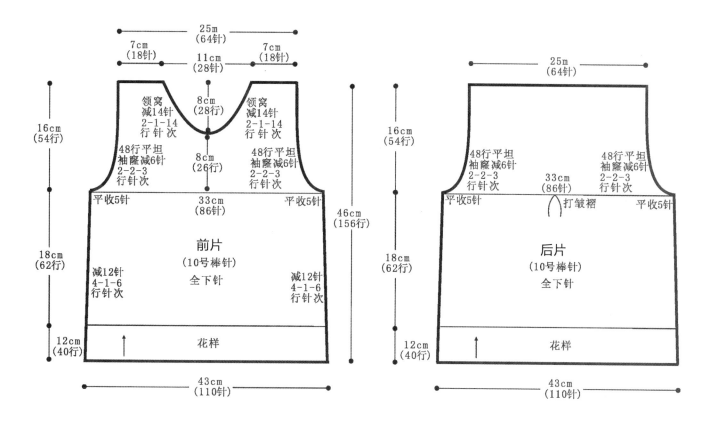

简约学院风马甲

【成品尺寸】衣长 30cm 下摆 31cm

【工　　具】10 号棒针 4 支 缝衣针 1 支

【材　　料】白色羊毛绒线 300g 绿色线少许

【密　　度】10cm^2：30 针 ×40 行

【附　　件】纽扣 4 枚

【制作过程】

1. 毛衣用棒针编织，由两片前片、一片后片组成，从下往上编织。

2. 前片：分右前片和左前片编织。（1）右前片：用下针起针法起 46 针，先织 2cm 双罗纹并配色（其中门襟的 6 针织花样 B），改织花样 A，侧缝不用加减针，织至 15cm 至袖窿。

（2）袖窿以上的编织：右侧袖窿减针，方法是：每 2 行减 1 针减 7 次，共减 7 针，不加不减平织 38 行至肩部。

（3）同时进行领窝减针，门襟处的 6 针继续织花样 B，并在花样 B 的内侧减针，方法是：每 2 行减 1 针减 22 次，不加不减织至肩部余 18 针。

（4）相同的方法、相反的方向编织左前片。

3. 后片：（1）用下针起针法起 92 针，先织 2cm 双罗纹后，改织花样 A，侧缝不用加减针，织 15cm 至袖窿。

（2）袖窿以上的编织：袖窿减针，方法与前片袖窿一样。

（3）同时织至从袖窿算起 11cm 时，开后领窝，中间平收 34 针，两边各减 4 针，方法是：每 2 行减 1 针减 4 次，织至两边肩部余 18 针。

4. 缝合：将前片的侧缝与后片的侧缝对应缝合，前后片的肩部对应缝合。

5. 袖口：两边袖口分别挑 84 针，圈织 8 行双罗纹，并配色。同样方法编织另一袖口。

6. 用缝衣针缝上纽扣。毛衣编织完成。

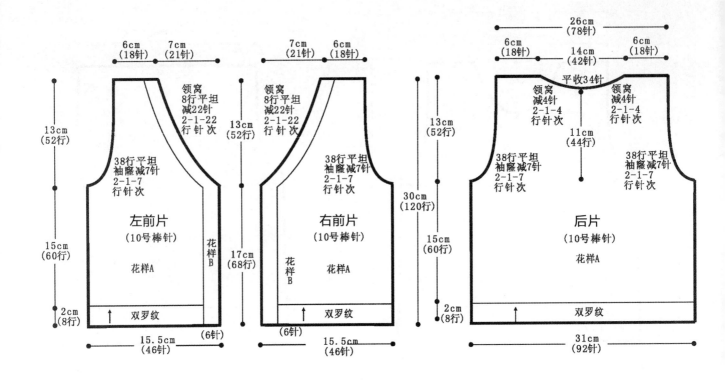

左前片
（10号棒针）
花样A

花样
B

双罗纹

6cm（18针） 7cm（21针）

领窝
8行平坦
减22针
2-1-22
行针次

38行平坦
袖窿减7针
2-1-7
行针次

13cm（52行）

15cm（60行）

2cm（8行）

15.5cm（46针）

（6针）

右前片
（10号棒针）
花样A

花样
B

双罗纹

7cm（21针） 6cm（18针）

领窝
8行平坦
减22针
2-1-22
行针次

38行平坦
袖窿减7针
2-1-7
行针次

13cm（52行）

17cm（68行）

（6针）

15.5cm（46针）

后片
（10号棒针）
花样A

双罗纹

26cm（78针）

6cm（18针） 14cm（42针） 6cm（18针）

平收34针

领窝
减4针
2-1-4
行针次

领窝
减4针
2-1-4
行针次

38行平坦
袖窿减7针
2-1-7
行针次

38行平坦
袖窿减7针
2-1-7
行针次

11cm（44行）

13cm（52行）

30cm（120行）

15cm（60行）

2cm（8行）

31cm（92针）

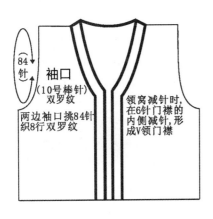

袖口
（10号棒针）
双罗纹

（84针）

两边袖口挑84针
织8行双罗纹

领窝减针时，
在6针门襟的
内侧减针，形
成V领门襟

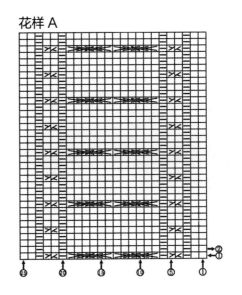

花样 A

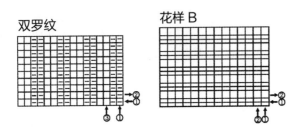

双罗纹

花样 B

174

彩色条纹背心

【成品尺寸】衣长 40cm　下摆 29cm

【工　　具】10 号棒针 4 支　缝衣针 1 支

【材　　料】浅紫色、玫红色、灰色羊毛绒线各 200g

【密　　度】$10cm^2$：28 针 ×38 行

【附　　件】钩针装饰花朵 3 朵　刺绣图案 1 枚

【制作过程】

1. 毛衣用棒针编织，由一片前片、一片后片组成，从下往上编织。

2. 前片：（1）用下针起针法起 82 针，先织 5cm 双罗纹后，改织全下针并配色，然后分散加 10 针，此时针数为 92 针，继续编织，侧缝不用加减针，织 20cm 至袖窿。

（2）袖窿以上的编织：两边袖窿平收 4 针后减针，方法是：每 2 行减 2 针减 5 次，各减 10 针，不加不减织 46 行。

（3）同时从袖窿算起织至 8cm 时，开始开领窝，中间平收 12 针，然后两边减针，方法是：每 2 行减 2 针减 6 次，每 2 行减

1 针减 6 次，共减 18 针，不加不减织 26 行至肩部余 8 针。

3. 后片：袖窿和袖窿以下的编织方法与前片袖窿一样。不用开领窝，织至肩部余 64 针。

4. 缝合：将前片的侧缝与后片的侧缝对应缝合，前片的肩部与后片的肩部缝合。

5. 袖口：两边袖口分别挑 120 针，环织 10 行双罗纹。

6. 领子：领圈边挑 120 针，环织 10 行双罗纹，形成圆领。

7. 缝上钩针装饰花朵和刺绣图案。毛衣编织完成。

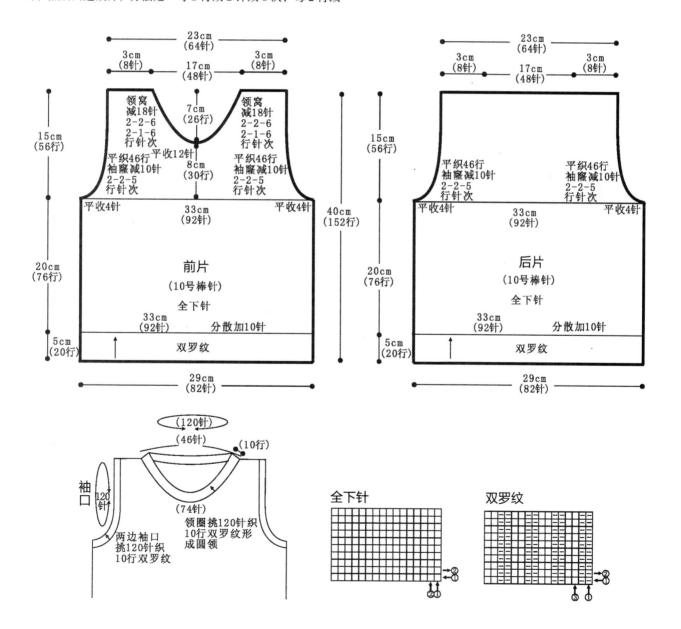

灰色休闲毛衣

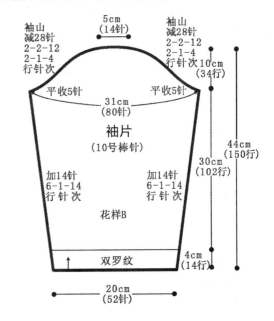

【成品尺寸】 衣长 45cm　下摆 33cm

【工　　具】 10 号棒针 4 支　缝衣针 1 支

【材　　料】 灰色羊毛绒线 400g

【密　　度】 10cm² : 26 针 × 38 行

【附　　件】 前片装饰纽扣 10 枚

【制作过程】

1. 毛衣用棒针编织，由一片前片、一片后片、两片袖片组成，从下往上编织。

2. 前片：（1）用下针起针法起 84 针，先织 4cm 双罗纹后，改织花样 A，侧缝不用加减针，织 25cm 至袖窿。

（2）袖窿以上的编织：两边袖窿平收 5 针后减针，方法是：每 2 行减 2 针减 3 次，各减 6 针，不加不减织 48 行至肩部。

（3）同时织至袖窿算起 10cm 时，开始开领窝，中间平收 16 针，然后两边减针，方法是：每 2 行减 1 针减 10 次，各减 10 针，不加不减织至肩部余 13 针。

3. 后片：（1）用下针起针法起 84 针，先织 4cm 双罗纹后，改织花样 A，侧缝不用加减针，织 25cm 至袖窿。

（2）袖窿以上的编织：两边袖窿平收 5 针后减针，方法是：每 2 行减 2 针减 3 次，各减 6 针，不加不减织 48 行至肩部。

（3）同时织至从袖窿算起 14cm 时，开始开领窝，中间平收 28 针，然后两边减针，方法是：每 2 行减 1 针减 4 次，至肩部余 13 针。

4. 袖片：用下针起针法起 52 针，织 14 行双罗纹后，改织花样 B，袖下加针，方法是：每 6 行加 1 针加 14 次，织至 30cm 时，两边平收 5 针，开始袖山减针，方法是：每 2 行减 2 针减 12 次，每 2 行减 1 针减 4 次，各减 28 针，至顶部余 14 针。

5. 缝合：将前片的侧缝与后片的侧缝对应缝合，前片的肩部与后片的肩部缝合，两边袖片的袖下缝合后，分别与衣片的袖边缝合。

6. 领片：领圈边挑 86 针，圈织 12 行双罗纹，形成圆领。

7. 缝上前片装饰纽扣。毛衣编织完成。

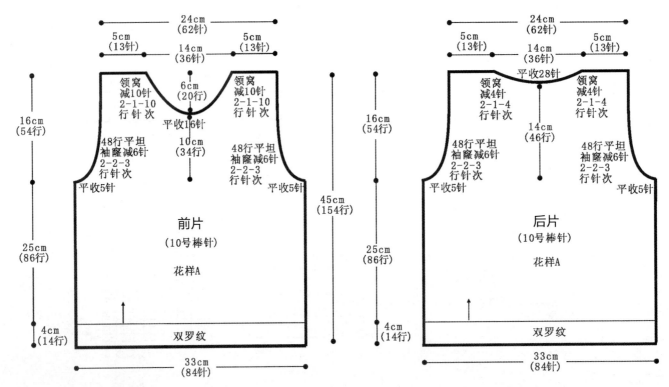

花样 A

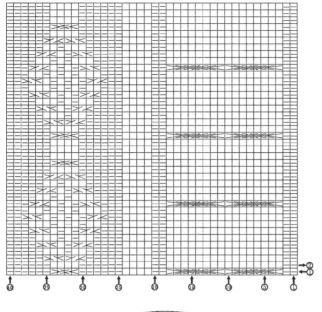

花样 B

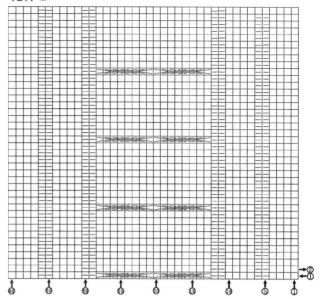

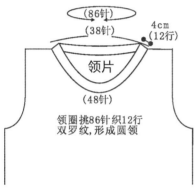

（86针）
（38针）
4cm
（12行）
领片
（48针）
领圈挑86针织12行
双罗纹,形成圆领

双罗纹

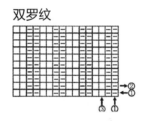

迷彩花纹套头衫

【成品尺寸】衣长 45cm　下摆 34cm　袖长 46cm

【工　　具】10 号棒针 4 支　缝衣针 1 支

【材　　料】段染线 400g　浅红色线少许

【密　　度】10cm² ：24 针 ×34 行

【制作过程】

1. 毛衣用棒针编织，由一片前片、一片后片、两片袖片组成，从下往上编织。

2. 前片：（1）用浅红色线，下针起针法起 82 针，编织 4cm 双罗纹后，改用段染线织花样 A，侧缝不用加减针，织 23cm 至袖窿。

（2）袖窿以上的编织：两边袖窿平收 4 针后减针，方法是：每 2 行减 1 针减 4 次，各减 4 针，不加不减织 54 行至肩部。

（3）同时织至袖窿算起 10cm 时，开始开领窝，中间平收 22 针，然后两边减针，方法是：每 2 行减 1 针减 10 次，各减 10 针，不加不减织 8 行至肩部余 12 针。

3. 后片：（1）用浅红色线，下针起针法起 82 针，编织 4cm 双罗纹后，改用段染线织全下针，侧缝不用加减针，织 23cm 至袖窿。

（2）袖窿以上的编织：两边袖窿平收 4 针后减针，方法是：每 2 行减 1 针减 4 次，各减 4 针。

（3）同时织至袖窿算起 16cm 时，中间平收 34 针，并进行领窝减针，方法是：每 2 行减 1 针减 4 次，织至肩部余 12 针。

4. 袖片：用下针起针法起 48 针，织 4cm 双罗纹后，改织花样 A，两边袖下加 8 针，方法是：每 12 行加 1 针加 8 次，织至 31cm 时，两边平收 4 针，开始袖山减针，方法是：每 2 行减 1 针减 18 次，各减 18 针，至顶部余 20 针。

5. 缝合：将前片的侧缝与后片的侧缝对应缝合，前片的肩部与后片的肩部缝合，两边袖片的袖下缝合后，分别与衣片的袖边缝合。

6. 领片：领圈边挑 92 针，圈织 14 行花样 B，形成圆领。毛衣编织完成。

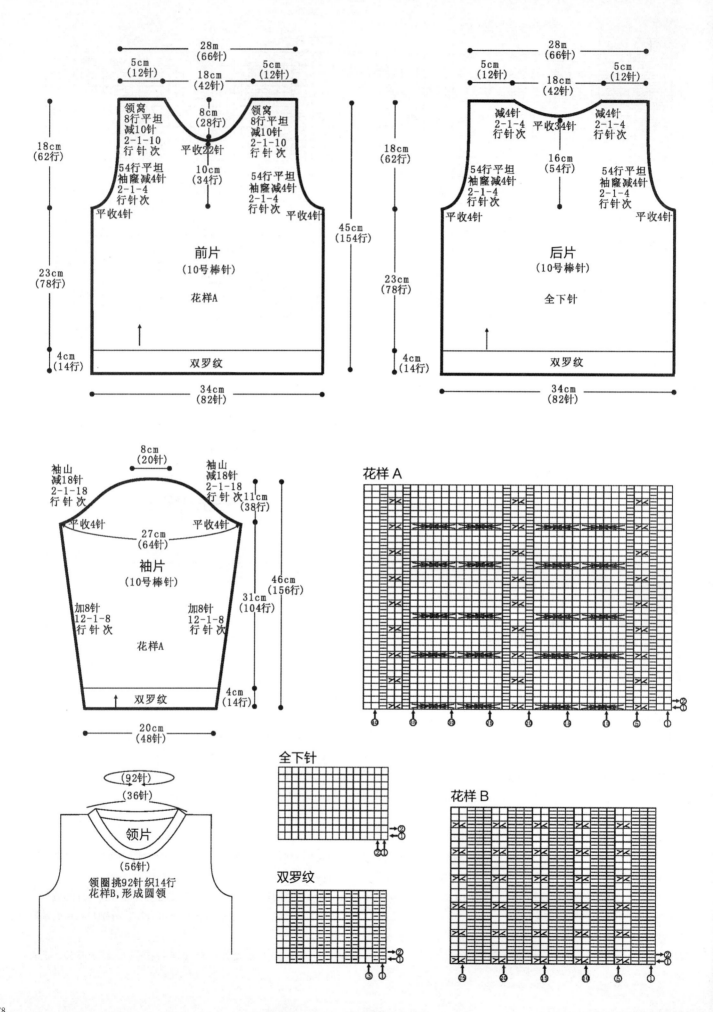

前片
（10号棒针）

花样A

双罗纹

后片
（10号棒针）

全下针

双罗纹

袖片
（10号棒针）

花样A

双罗纹

领片

领圈挑92针织14行
花样B，形成圆领

花样 A

全下针

双罗纹

花样 B

白色小鹿开衫

【成品尺寸】衣长 36cm　下摆 28cm　袖长 32cm

【工　　具】10 号棒针 4 支　缝衣针 1 支

【材　　料】白色羊毛绒线 300g　蓝色、黄色线各少许

【密　　度】10cm² : 28 针 ×38 行

【附　　件】纽扣 5 枚

【制作过程】

1. 毛衣用棒针编织，由两片前片、一片后片、两片袖片组成，从下往上编织。

2. 前片：分右前片和左前片编织。（1）右前片：用下针起针法起 39 针，先织 3cm 单罗纹后，改织全下针，并编入图案，侧缝不用加减针，织 19cm 至袖窿。

（2）袖窿以上的编织：右侧袖窿平收 3 针后减针，方法是：每织 2 行减 1 针减 4 次，共减 4 针，不加不减平织 44 行至袖窿。

（3）同时从袖窿算起织至 8cm 时，开始领窝减针，门襟平收 6 针后减针，方法是：每 2 行减 1 针减 10 次，不加不减织至肩部余 16 针。

（4）相同的方法、相反的方向编织左前片。

3. 后片：（1）用下针起针法起 78 针，先织 3cm 单罗纹后，改织全下针，侧缝不用加减针，织 19cm 至袖窿。

（2）袖窿以上的编织：袖窿开始减针，方法与前片袖窿一样。

（3）同时织至从袖窿算起 11cm 时，开后领窝，中间平收 22

针，两边各减 5 针，方法是：每 2 行减 1 针减 5 次，织至两边肩部余 16 针。

4. 袖片：从袖口织起，用下针起针法起 50 针，先织 3cm 单罗纹后，改织全下针，袖侧缝两边加 10 针，方法是：每 6 行加 1 针加 10 次，编织 19cm 至袖窿。两边平收 4 针后，开始袖山减针，方法是：两边分别每 2 行减 1 针减 18 次，共减 18 针，编织完 10cm 后余 26 针，收针断线。同样方法编织另一袖片。

5. 缝合：将前片的侧缝与后片的侧缝对应缝合，前后片的肩部对应缝合，再将两袖片的袖下缝合后，袖山边线与衣身的袖窿边对应缝合。

6. 门襟：两边门襟分别挑 92 针，织 12 行单罗纹。右边门襟均匀地开纽扣孔。

7. 领子：领圈边挑 82 针，织 10 行单罗纹，形成开襟圆领。

8. 用缝衣针缝上纽扣。毛衣编织完成。

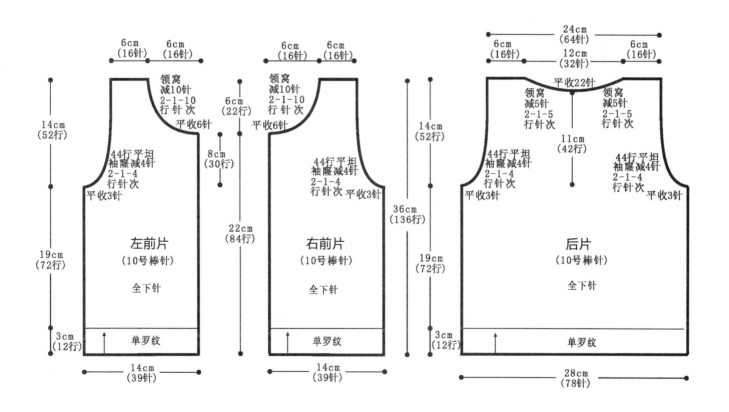

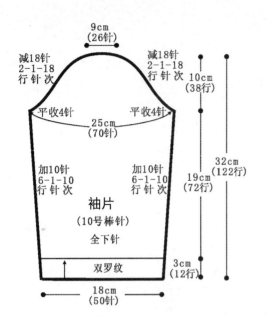
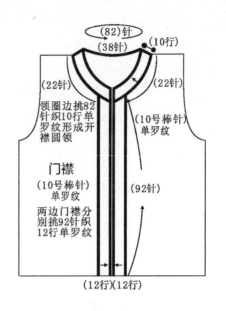
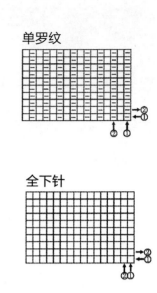

袖片
（10号棒针）
全下针

9cm
（26针）

减18针
2-1-18
行针次

减18针
2-1-18
行针次

10cm
（38行）

平收4针

平收4针

25cm
（70针）

加10针
6-1-10
行针次

加10针
6-1-10
行针次

32cm
（122行）

19cm
（72行）

双罗纹

3cm
（12行）

18cm
（50针）

（82）针
（38针）

（10行）

（22针）

（22针）

领圈边挑82
针织10行单
罗纹形成开
襟圆领

（10号棒针）
单罗纹

门襟
（10号棒针）
单罗纹

两边门襟分
别挑92针织
12行单罗纹

（92针）

（12行）（12行）

单罗纹

全下针

图案

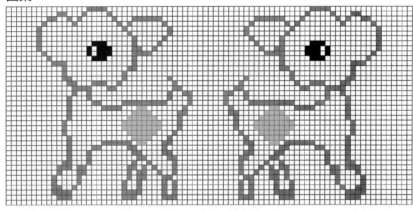

菱形格子背心

【成品尺寸】衣长44cm　下摆30cm

【工　　具】10号棒针4支　缝衣针1支

【材　　料】紫色羊毛绒线300g

【密　　度】10cm² : 30针 ×40行

【制作过程】

1.毛衣用棒针编织，由一片前片 、一片后片组成，从下往上编织。

2.前片：（1）用下针起针法起90针，先织5cm双罗纹后，改织花样，侧缝不用加减针，织23cm至袖窿。

（2）袖窿以上的编织：两边袖窿平收4针后减针，方法是：每2行减2针减3次，各减6针，不加不减织58行。

（3）同时从袖窿算起织至7cm时，开始开领窝，中间平收20针，然后两边减针，方法是：每2行减2针减6次共减12针，不加不减织24行至肩部余10针。

3.后片：（1）袖窿和袖窿以下的编织方法与前片袖窿一样，后片编织全下针。

（2）同时织至从袖窿算起14cm时，进行领窝减针，中间平收36针，然后两边减针，方法是：每2行减1针减4次，至肩部余10针。

4.缝合：将前片的侧缝与后片的侧缝对应缝合，前片的肩部与后片的肩部缝合。

5.袖口：两边袖口分别挑96针，环织10行双罗纹。

6.领子：领圈边挑130针，环织10行双罗纹，形成圆领。毛衣编织完成。

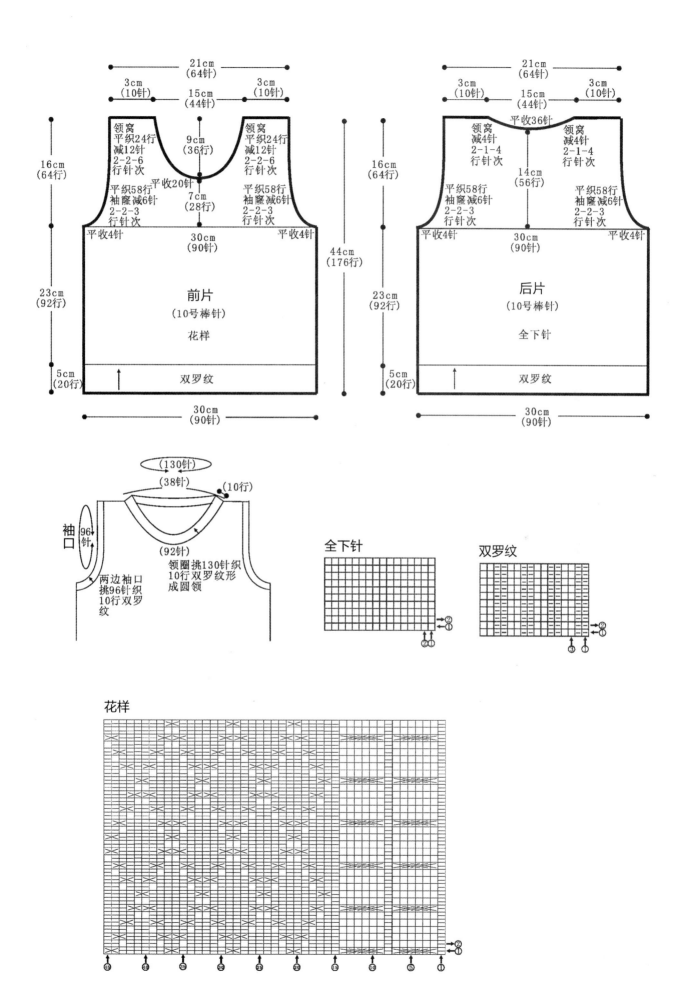

21cm
(64针)
3cm
(10针)
15cm
(44针)
3cm
(10针)

领窝
平织24行
减12针
2-2-6
行针次

9cm
(36行)

领窝
平织24行
减12针
2-2-6
行针次

16cm
(64行)

平收20针

平织58行
袖窿减6针
2-2-3
行针次

7cm
(28行)

平织58行
袖窿减6针
2-2-3
行针次

平收4针
30cm
(90针)
平收4针

前片
(10号棒针)

花样

44cm
(176行)

23cm
(92行)

5cm
(20行)
双罗纹

30cm
(90针)

21cm
(64针)
3cm
(10针)
15cm
(44针)
3cm
(10针)

平收36针

领窝
减4针
2-1-4
行针次

领窝
减4针
2-1-4
行针次

16cm
(64行)

14cm
(56行)

平织58行
袖窿减6针
2-2-3
行针次

平织58行
袖窿减6针
2-2-3
行针次

平收4针
30cm
(90针)
平收4针

后片
(10号棒针)

全下针

23cm
(92行)

5cm
(20行)
双罗纹

30cm
(90针)

(130针)
(38针)
(10行)

袖口

96针

(92针)

两边袖口
挑96针织
10行双罗
纹

领圈挑130针织
10行双罗纹形
成圆领

全下针

双罗纹

花样

181

V领条纹背心

【成品尺寸】衣长 46cm　下摆 31cm

【工　　具】10 号棒针 4 支　缝衣针 1 支

【材　　料】咖啡色、玫红色、蓝色羊毛绒线各 100g

【密　　度】10cm² : 30 针 ×40 行

【制作过程】

1. 毛衣用棒针编织，由一片前片、一片后片组成，从下往上编织。

2. 前片：（1）用下针起针法起 94 针，编织 4cm 双罗纹后，改织花样并配色，侧缝不用加减针，织 24cm 至袖窿。

（2）袖窿以上的编织：两边袖窿平收 4 针后减针，方法是：每 2 行减 2 针减 3 次，各减 6 针，余下针数不加不减织 66 行至肩部。

（3）同时中间留取 2 针待用，开始领窝两边减针，方法是：每 2 行减 1 针减 24 次，各减 24 针，不加不减织 24 行至肩部余 12 针。

3. 后片：（1）袖窿和袖窿以下编织方法与前片袖窿一样。

（2）同时织至袖窿算起 16cm 时，开后领窝，中间平收 42 针，两边减针，方法是：每 2 行减 1 针减 4 次，织至两边肩部余 12 针。

4. 缝合：将前片的侧缝与后片的侧缝对应缝合，前片的肩部与后片的肩部缝合。

5. 领片：领圈边挑 172 针，以前片留的 2 针为中点，按 V 领领口花样图解编织 12 行双罗纹，并配色，形成 V 领。

6. 袖口：两边袖口分别挑 120 针，织 12 行双罗纹并配色。毛衣编织完成。

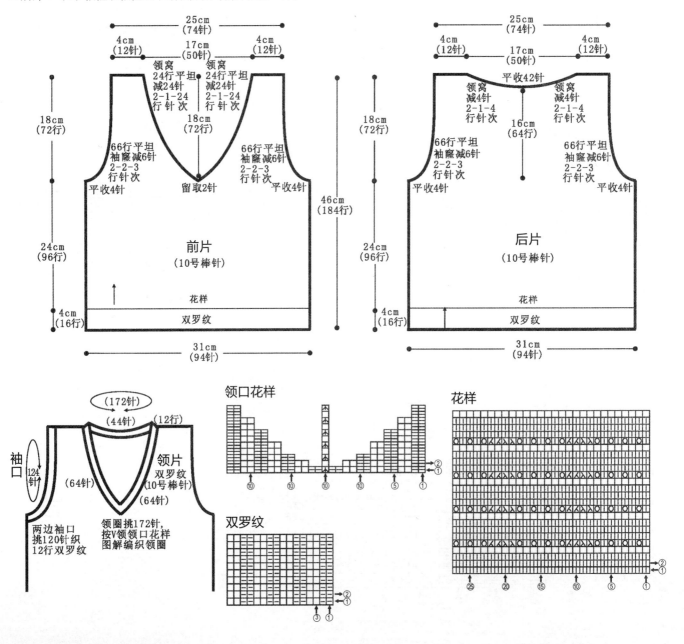

婉约气质毛线背心

【成品尺寸】衣长 46cm　胸宽 24cm　下摆 32cm
【工　　具】10 号棒针 4 支　缝衣针、钩针各 1 支
【材　　料】灰色羊毛绒线 300g　玫红色线少许
【密　　度】10cm² : 30 针 ×40 行
【附　　件】钩织绳子 1 根

【制作过程】

1. 毛衣用棒针编织，由一片前片、一片后片组成，从下往上编织。

2. 前片：（1）用下针起针法起 96 针，先织 6cm 花样 B 后，改织全下针，侧缝不用加减针，织 25cm 至袖窿。

（2）袖窿以上的编织：织片分散减 24 针，此时针数为 72 针，并改织花样 A，袖窿两边平收 4 针，余下针数不加不减织 15cm 至肩部。

（3）同时从袖窿算起织至 8cm 时，开始领窝减针，中间平收 10 针，两边各减 12 针，方法是：每 2 行减 1 针减 12 次，至肩部余 15 针。

3. 后片：（1）用下针起针法起 96 针，先织 6cm 花样 B 后，改织全下针，侧缝不用加减针，织 25cm 至袖窿。

（2）袖窿以上的编织：织片分散减 24 针，此时针数为 72 针，并改织花样 A，袖窿两边平收 4 针，余下针数不加不减织 15cm 至肩部。

（3）同时从袖窿算起织至 9cm 时，开始领窝减针，中间平收 24 针，两边各减 5 针，方法是：每 2 行减 1 针减 5 次，至肩部余 15 针。

4. 缝合：将前片的侧缝与后片的侧缝对应缝合，前后片的肩部对应缝合。

5. 袖口：两边袖口不用编织，自然形成袖口。

6. 领子：领片分左右两片编织，分别起 56 针，织 34 行花样 C，形成翻领，并用钩针在翻领的边缘钩织钩针花边。

7. 缝上钩织绳子。毛衣编织完成。

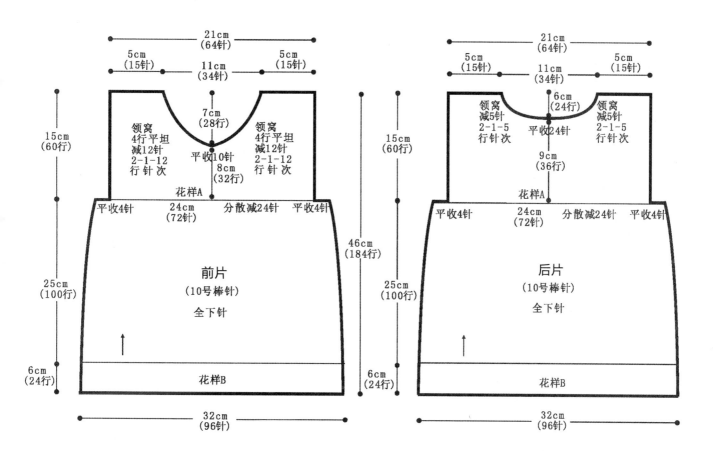

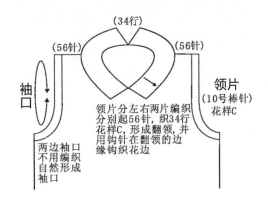

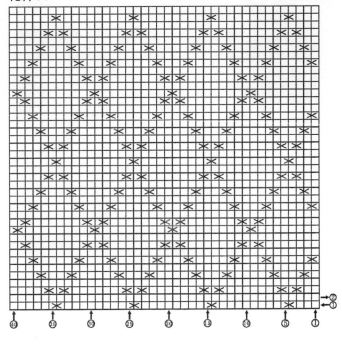

花样 A

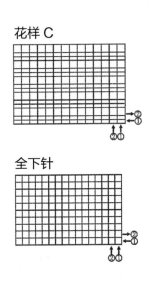

钩针花边

花样 C

全下针

花样 B

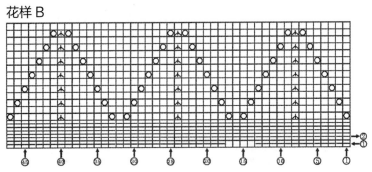

小花朵开衫

【成品尺寸】衣长40cm　下摆28cm　袖长35cm

【工　　具】10号棒针4支　缝衣针1支

【材　　料】浅紫色羊毛绒线300g

【密　　度】$10cm^2$：30针×40行

【附　　件】纽扣7枚　刺绣图案线少许

【制作过程】

1.毛衣用棒针编织，由两片前片、一片后片、两片袖片组成，从下往上编织。

2.前片：分右前片和左前片编织。（1）右前片：用下针起针法起42针，织花样，侧缝不用加减针，织25cm至袖窿。

（2）袖窿以上的编织：右侧袖窿平收4针后减针，方法是：每织2行减2针减4次，共减8针，不加不减平织52行至袖窿。

（3）同时从袖窿算起织至9cm时，开始领窝减针，方法是：每2行减2针减6次，不加不减织12行至肩部余18针。

（4）相同的方法、相反的方向编织左前片。右边门襟开组扣孔。

3.后片：（1）用下针起针法起84针，织花样，侧缝不用加减针，织25cm至袖窿。

（2）袖窿以上的编织。袖窿开始减针，方法与前片袖窿一样。

（3）同时织至从袖窿算起13cm时，开后领窝，中间平收16针，两边各减4针，方法是：每2行减1针减4次，织至两边肩部余18针。

4.袖片：从袖口织起，用下针起针法起54针，织花样，袖侧缝两边加8针，方法是：每12行加1针加8次，编织27cm至袖窿。两边平收4针后，进行袖山减针，方法是：两边分别每2行减2针减10次，每2行减1针减6次，共减26针，编织完8cm后余10针，收针断线。同样方法编织另一袖片。

5.缝合：将前片的侧缝与后片的侧缝对应缝合，前后片的肩部对应缝合，再将两袖片的袖下缝后，袖山边线与衣身的袖窿边对应缝合。

6.领口不用编织，在织前片时，自然形成开襟圆领。

7.用缝衣针缝上纽扣和绣上刺绣图案。毛衣编织完成。

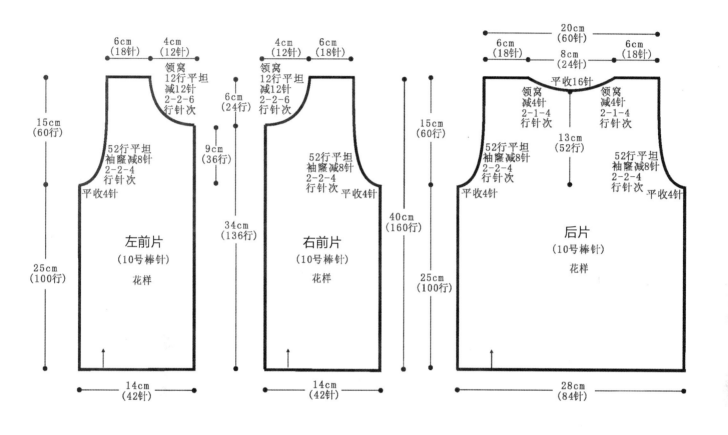

左前片
6cm（18针）　4cm（12针）
领窝
12行平坦
减12针
2-2-6
行针次
15cm（60行）
6cm（24行）
9cm（36行）
52行平坦
袖窿减8针
2-2-4
行针次
平收4针
34cm（136行）
左前片
（10号棒针）
花样
25cm（100行）
14cm（42针）

右前片
4cm（12针）　6cm（18针）
领窝
12行平坦
减12针
2-2-6
行针次
52行平坦
袖窿减8针
2-2-4
行针次
平收4针
右前片
（10号棒针）
花样
14cm（42针）

后片
20cm（60针）
6cm（18针）　8cm（24针）　6cm（18针）
平收16针
领窝
减4针
2-1-4
行针次
领窝
减4针
2-1-4
行针次
15cm（60行）
13cm（52行）
52行平坦
袖窿减8针
2-2-4
行针次
平收4针
52行平坦
袖窿减8针
2-2-4
行针次
平收4针
40cm（160行）
后片
（10号棒针）
花样
25cm（100行）
28cm（84针）

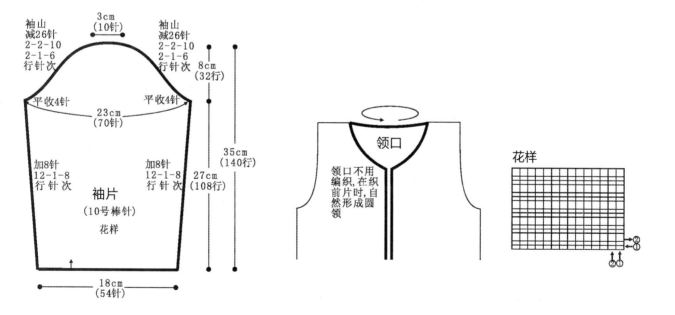

袖山
减26针
2-2-10
2-1-6
行针次
3cm（10针）
袖山
减26针
2-2-10
2-1-6
行针次
8cm（32行）
平收4针　　平收4针
23cm（70针）
加8针
12-1-8
行针次
加8针
12-1-8
行针次
35cm（140行）
27cm（108行）
袖片
（10号棒针）
花样
18cm（54针）

领口
领口不用编织，在织前片时，自然形成圆领

花样

扭花休闲开衫

【成品尺寸】衣长 38cm　下摆 32cm　袖长 34cm
【工　　具】10 号棒针 4 支　缝衣针 1 支
【材　　料】浅紫色羊毛绒线 300g
【密　　度】10cm² : 34 针 ×44 行
【附　　件】纽扣 5 枚　钩织花 1 朵

【制作过程】

1. 毛衣用棒针编织，由两片前片、一片后片、两片袖片组成，从下往上编织。

2. 前片：分右前片和左前片编织。（1）右前片：用下针起针法起 54 针，先织 3cm 双罗纹后，改织花样，侧缝不用加减针，织至 20cm 至袖窿。

（2）袖窿以上的编织：右侧袖窿平收 4 针后减针，方法是：每织 2 行减 2 针减 3 次，共减 6 针，不加不减平织 60 行至袖窿。

（3）同时进行领窝减针，方法是：每 2 行减 1 针减 26 次，不加不减织 14 行至肩部余 18 针。

（4）相同的方法、相反的方向编织左前片。

3. 后片：（1）用下针起针法起 108 针，先织 3cm 双罗纹后，改织花样，侧缝不用加减针，织 20cm 至袖窿。

（2）袖窿以上的编织：袖窿开始减针，方法与前片袖窿一样。

（3）同时织至从袖窿算起 14cm 时，开后领窝，中间平收 46 针，

两边各减 3 针，方法是：每 2 行减 1 针减 3 次，织至两边肩部余 18 针。

4. 袖片：从袖口织起，用下针起针法起 44 针，先织 3cm 双罗纹后，分散加 8 针至针数为 52 针，然后改织花样，袖下两边加 14 针，方法是：每 6 行加 1 针加 14 次，编织 21cm 至袖窿。两边平收 4 针后，开始两边袖山减针，方法是：两边分别每 2 行减 2 针减 8 次，每 2 行减 1 针减 14 次，各减 30 针，编织完 10cm 后余 12 针，收针断线。同样方法编织另一袖片。

5. 缝合：将前片的侧缝与后片的侧缝对应缝合，前后片的肩部对应缝合，再将两袖片的袖下缝合后，袖山边线与衣身的袖窿边对应缝合。

6. 领子：两边门襟至领圈边挑 298 针，织 10 行双罗纹，左边门襟均匀地开纽扣孔，形成开襟 V 领。

7. 用缝衣针缝上纽扣和钩针花朵。毛衣编织完成。

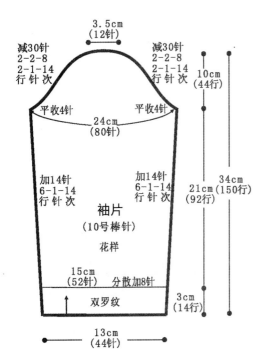

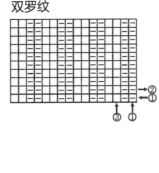

双罗纹

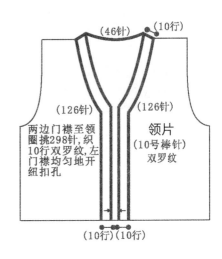

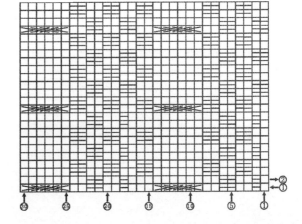

花样

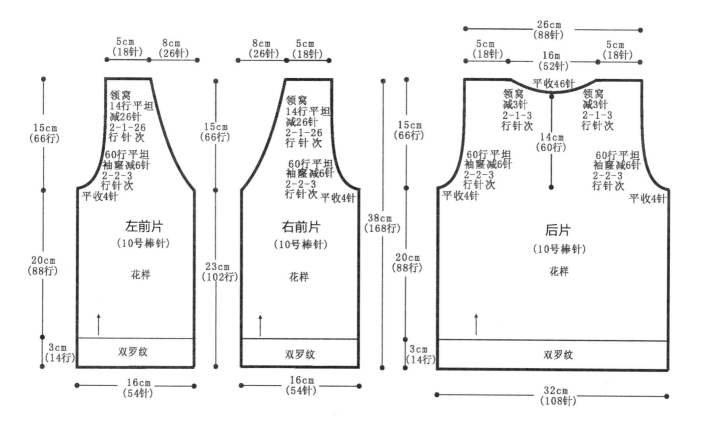

童趣背心

【成品尺寸】衣长 34cm　下摆 29cm
【工　　具】10 号棒针 4 支　缝衣针 1 支
【材　　料】白色羊毛绒线 300g
【密　　度】10cm² ：30 针 ×40 行
【附　　件】装饰亮珠若干

【制作过程】

1. 毛衣用棒针编织，由一片前片、一片后片组成，从下往上编织。

2. 前片：（1）用下针起针法起 88 针，编织 5cm 花样 C 后，改织花样 B，侧缝不用加减针，织 18cm 至袖窿。

（2）袖窿以上的编织：两边袖窿平收 4 针后减针，方法是：每 2 行减 2 针减 3 次，各减 6 针，余下针数不加不减织 38 行至肩部。

（3）同时开始领窝两边减针，方法是：每 2 行减 2 针减 10 次，

各减 20 针，不加不减织 24 行织至肩部余 14 针。

3. 后片：（1）袖窿和袖窿以下编织方法与前片袖窿一样。

（2）同时织至袖窿算起 7cm 时，开后领窝，中间平收 40 针，然后不加不减织 4cm，至两边肩部余 14 针。

4. 缝合：将前片的侧缝与后片的侧缝对应缝合，前片的肩部与后片的肩部缝合。

5. 领片和袖口不用编织，前片缝上装饰亮珠。毛衣编织完成。

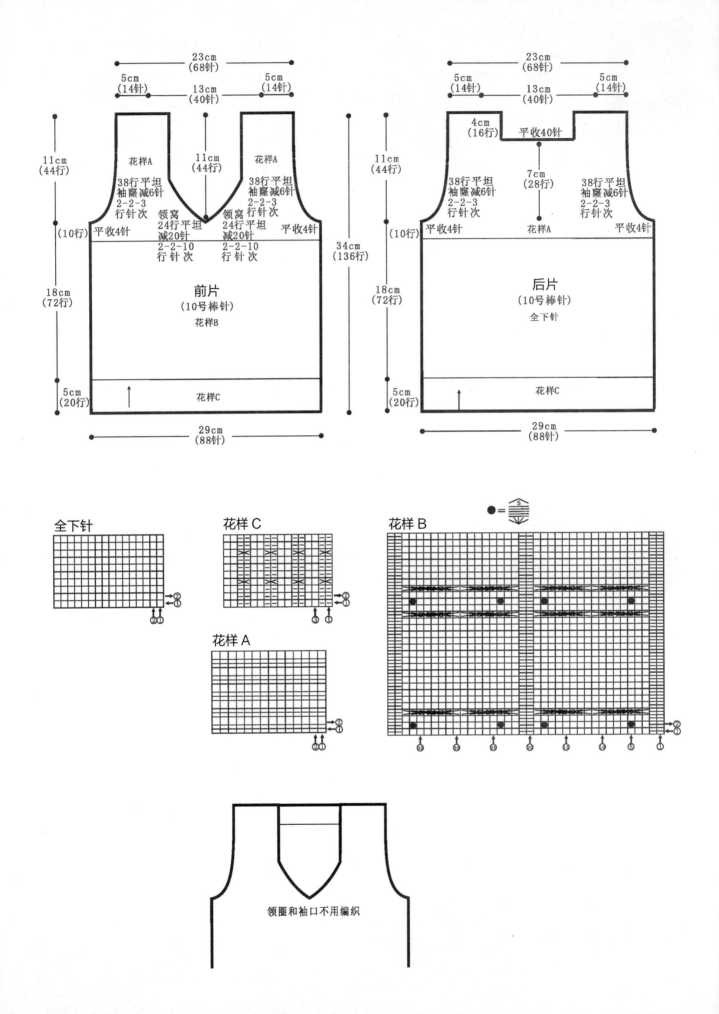

23cm
(68针)
5cm　13cm　5cm
(14针)(40针)(14针)

11cm
(44行)
花样A　11cm　花样A
(44行)
38行平坦　38行平坦
袖窿减6针　袖窿减6针
2-2-3　2-2-3
行针次　行针次
(10行)　领窝　领窝
平收4针　24行平坦　24行平坦　平收4针
减20针　减20针
2-2-10　2-2-10
行针次　行针次

前片
(10号棒针)

花样B

18cm　34cm
(72行)　(136行)

5cm
(20行)　花样C

29cm
(88针)

23cm
(68针)
5cm　13cm　5cm
(14针)(40针)(14针)

4cm
(16行)　平收40针

11cm
(44行)
38行平坦　7cm　38行平坦
袖窿减6针　(28行)　袖窿减6针
2-2-3　2-2-3
行针次　行针次
(10行)　花样A
平收4针　平收4针

后片
(10号棒针)

全下针

18cm
(72行)

5cm
(20行)　花样C

29cm
(88针)

全下针　　花样C　　花样B
●＝⑤

②
①
②①

花样A
②
①
②①

领圈和袖口不用编织

188

黑白小鹿套头衫

【成品尺寸】衣长 34cm　下摆 30cm　袖长 29cm

【工　　具】10 号棒针 4 支　缝衣针 1 支

【材　　料】白色、黑色羊毛绒线各 200g

【密　　度】10cm² : 28 针 ×40 行

【附　　件】图案亮珠 2 枚

【制作过程】

1. 毛衣用棒针编织，由一片前片、一片后片、两片袖片组成，从下往上编织。

2. 前片：（1）用下针起针法起 84 针，编织 3cm 双罗纹后，改织全下针，并编入图案，侧缝不用加减针，织 18cm 至袖窿。

（2）袖窿以上的编织：两边袖窿平收 5 针后减针，方法是：每 2 行减 2 针减 2 次，各减 4 针，不加不减织 48 行至肩部。

（3）同时织至袖窿算起 6cm 时，开始开领窝，中间平收 18 针，然后两边减针，方法是：每 2 行减 1 针减 8 次，各减 8 针，不加不减织 12 行至肩部余 16 针。

3. 后片：（1）用下针起针法起 84 针，编织 3cm 双罗纹后，改织全下针并配色，侧缝不用加减针，织 18cm 至袖窿。

（2）袖窿以上的编织：两边袖窿平收 5 针后减针，方法是：每 2 行减 2 针减 2 次，各减 4 针，不加不减织 48 行至肩部。

（3）同时织至袖窿算起 11cm 时，开始开领窝，中间平收 26 针，然后两边减针，方法是：每 2 行减 1 针减 4 次，至肩部余 16 针。

4. 袖片：用下针起针法起 44 针，织 3cm 双罗纹并配色，然后改织全下针，并分散加 16 针至针数为 60 针，袖下加针，方法是：每 10 行加 1 针加 6 次，织至 17cm 时，两边平收 5 针，开始袖山减针，方法是：每 2 行减 2 针减 6 次，每 2 行减 1 针减 12 次，共减 24 针，至顶部余 14 针。

5. 缝合：将前片的侧缝与后片的侧缝对应缝合，前片的肩部与后片的肩部缝合，两边袖片的袖下缝合后，分别与衣片的袖边缝合。

6. 领片：领圈边挑 120 针，圈织 10 行双罗纹，并配色，形成圆领。

7. 缝上图案亮珠。毛衣编织完成。

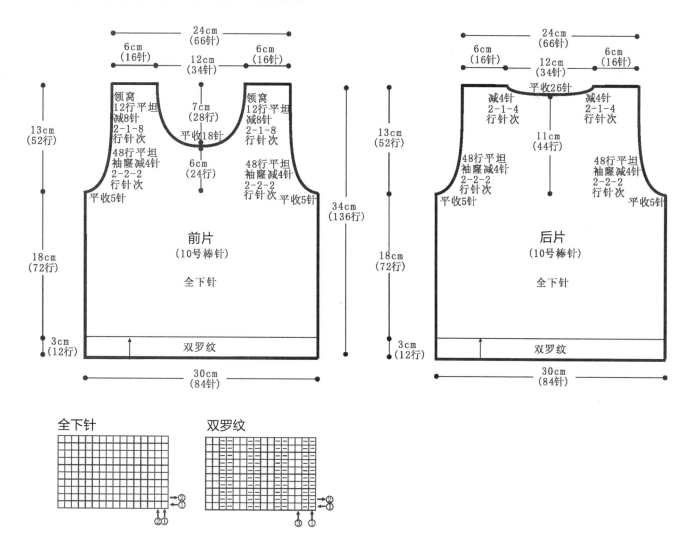

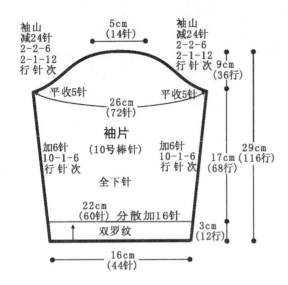

袖山
减24针
2-2-6
2-1-12
行 针 次

5cm
(14针)

袖山
减24针
2-2-6
2-1-12
行 针 次

9cm
(36行)

平收5针　　　平收5针

26cm
(72针)

袖片
(10号棒针)

加6针
10-1-6
行 针 次

加6针
10-1-6
行 针 次

全下针

29cm
(116行)

17cm
(68行)

22cm
(60针) 分散加16针

3cm
(12行)

双罗纹

16cm
(44针)

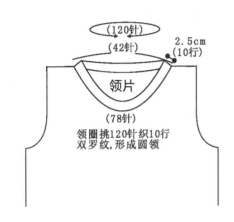

(120针)

(42针)

2.5cm
(10行)

领片

(78针)

领圈挑120针织10行
双罗纹,形成圆领

图案

个性圆球毛衣

【成品尺寸】衣长41cm　胸围30cm　袖长33cm
【工　　具】10号棒针4支　缝衣针1支
【材　　料】米黄色羊毛绒线300g
【密　　度】10cm² : 24针×30行

【制作过程】

1.毛衣用棒针编织,由一片前片、一片后片、两片袖片组成,从下往上编织。

2.前片:(1)用下针起针法起92针,先织17cm花样C后,分散减20针,余72针分3份,两边26针织花样B,中间20针织花样A,侧缝不用加减针,再织8cm至袖窿。

(2)袖窿以上的编织:两边袖窿平收5针后减针,方法是:每2行减1针减7次,各减7针,不加不减织34至肩部。

(3)同时从袖窿算起织至3cm时,中间平收20针,其余两边不加不减织13cm,至肩余14针。

3.后片:(1)用下针起针法起92针,先织17cm花样C后,分散减20针,余72针分3份,两边26针织花样B,中间20针织花样A,侧缝不用加减针,再织8cm至袖窿。

(2)袖窿以上的编织:两边袖窿平收5针后减针,方法是:每2行减1针减7次,各减7针,不加不减织34至肩部,余48针,不用开领窝。

4.袖片:用下针起针法起40针,织5cm花样A后,改织全下针,袖下加针,方法是:每4行加1针加10次,织至18cm时,两边平收5针,开始袖山减针,方法是:每2行减2针减4次,每2行减1针减10次,共减18针,至顶部余14针。

5.缝合:将前片的侧缝与后片的侧缝对应缝合,前片的肩部与后片的肩部缝合,两边袖片的袖下缝合后,分别与衣片的袖边缝合。

6.领片:领圈边挑96针,织24行双罗纹,领边与前片重叠缝合,形成宽V形叠领。毛衣编织完成。

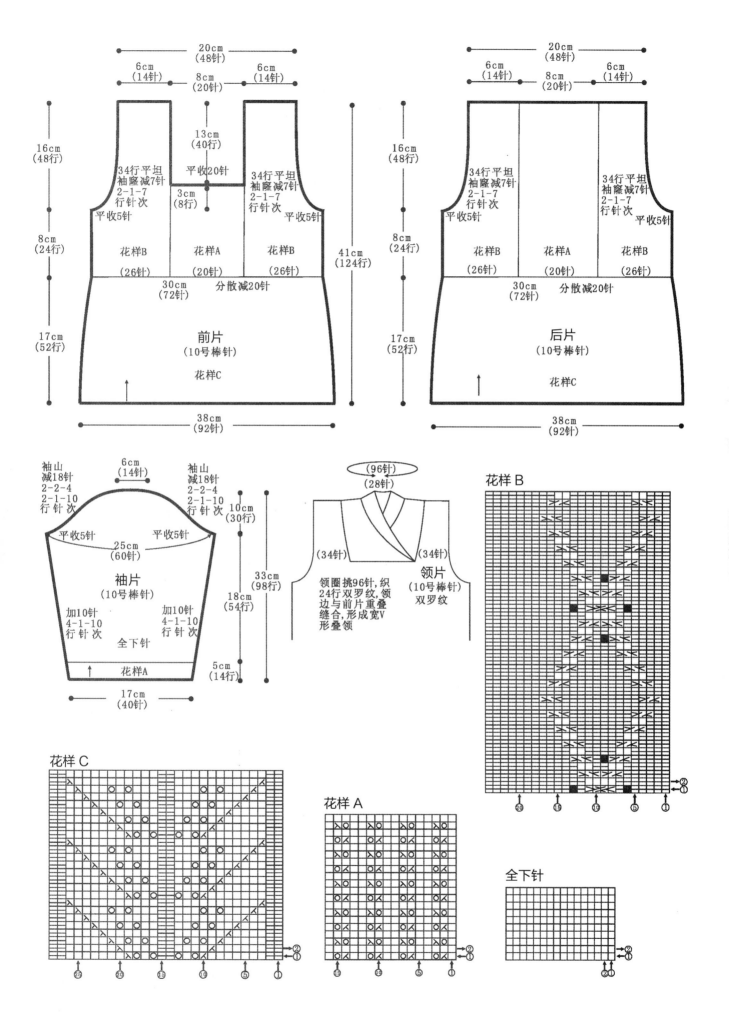

米色毛球外套

【成品尺寸】衣长 26cm　下摆 36cm　袖长 24cm
【工　具】10 号棒针 4 支　缝衣针 1 支
【材　料】米色羊毛绒线 300g
【密　度】10cm² : 20 针 ×30 行
【附　件】毛线纽扣 1 枚　毛线绒球绳子 1 根

【制作过程】

1. 毛衣用棒针编织，由两片前片、一片后片、两片袖片组成，从下往上编织。

2. 前片：（1）左前片：用下针起针法起 36 针，先织 4 行花样 D 后，改织花样 A，门襟的 8 针继续织花样 D，侧缝不用加减针，织 13cm 至插肩袖窿。

（2）袖窿以上的编织：袖窿平收 6 针后减针，方法是：每 2 行减 1 针减 14 次，共减 14 针，织 13cm 至肩部。

（3）同时从插肩袖窿算起，织至 10cm 时，门襟留取 8 针不减，开始领窝减针，方法是：每 2 行减 2 针减 4 次，共减 8 针，织

至肩部全部针数收完。同样方法编织右前片。

3. 后片：（1）用下针起针法起 72 针，先织 4 行花样 D 后，改织全上针，侧缝不用加减针，织 13cm 至插肩袖窿。

（2）袖窿以上的编织：两边袖窿平收 6 针后减针，方法是：每 2 行减 1 针减 14 次。领窝不用减针，织 13cm 至肩部余 32 针。

4. 袖片：用下针起针法起 48 针，先织 4 行花样 D 后，改织花样 B，袖下不用加减针，织 13cm 两边平收 6 针后进行插肩减针，方法是：每 2 行减 1 针减 14 次，至肩部余 12 针。同样方法编织另一袖。

5. 缝合：将前片的侧缝与后片的侧缝对应缝合，袖片的袖下分别缝合，袖片的插肩部与衣片的插肩部缝合。

6. 领片：领圈边挑 78 针（其中包括门襟留下的 8 针），织 30 行花样 C，形成开襟翻领。

7. 装饰：缝上毛线纽扣，穿上毛线绒球绳子。毛衣编织完成。

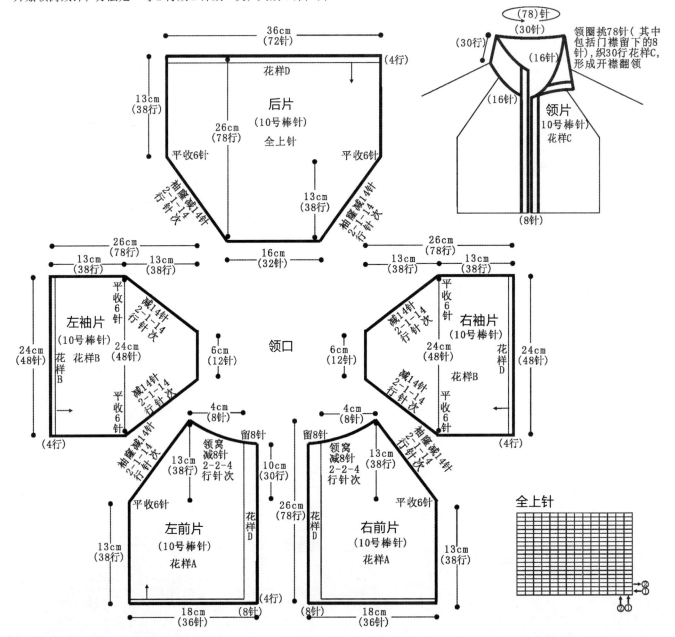

花样 A　　花样 B

花样 C　　花样 D

绿色麻花纹毛衣

【成品尺寸】衣长 41cm　下摆 29cm　袖长 41cm
【工　　具】10 号棒针 4 支　缝衣针 1 支
【材　　料】绿色羊毛绒线 400g
【密　　度】10cm² ：28 针 ×40 行

【制作过程】

1. 毛衣用棒针编织，由一片前片、一片后片、两片袖片组成，从下往上编织。

2. 前片：（1）用下针起针法起 80 针，编织 5cm 双罗纹后，改织花样，并分散加 10 针至针数为 90 针，侧缝不用加减针，织 20cm 至袖窿。

（2）袖窿以上的编织：两边袖窿平收 4 针后减针，方法是：每 2 行减 1 针减 7 次，各减 7 针，不加不减织 50 行至肩部。

（3）同时织至袖窿算起 12cm 时，开始开领窝，中间平收 12 针，然后两边减针，方法是：每 2 行减 1 针减 8 次，各减 8 针，织至肩部余 20 针。

3. 后片：（1）用下针起针法起 80 针，编织 5cm 双罗纹后，改织花样，并分散加 10 针至针数为 90 针，侧缝不用加减针，织 20cm 至袖窿。

（2）袖窿以上的编织：两边袖窿平收 4 针后减针，方法是：每 2 行减 1 针减 7 次，各减 7 针，不加不减织 50 行至肩部。不用开领窝，至肩部余 68 针。

4. 袖片：用下针起针法起 44 针，织 5cm 双罗纹后，即分散加 10 针至针数为 52 针，然后改织花样，袖下加针，方法是：每 8 行加 1 针加 10 次，织至 23cm 时，两边平收 4 针，开始袖山减针，方法是：每 2 行减 1 针减 24 次，至顶部余 16 针。

5. 缝合：将前片的侧缝与后片的侧缝对应缝合，前片的肩部与后片的肩部缝合，两边袖片的袖下缝合后，分别与衣片的袖边缝合。

6. 领片：领圈边挑 88 针，圈织 8cm 双罗纹，对折缝合，形成双层圆领。毛衣编织完成。

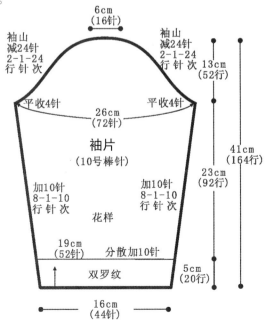

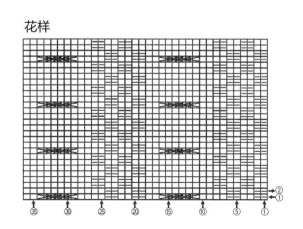

花样

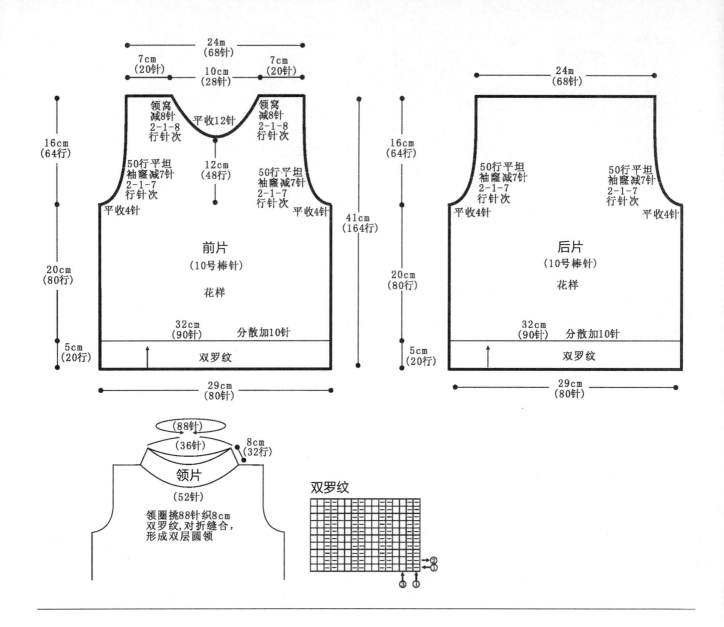

24m
(68针)

7cm
(20针)　　10cm
(28针)　　7cm
(20针)

领窝
减8针
2-1-8
行针次　平收12针　领窝减针
2-1-8
行针次

16cm
(64行)

50行平坦
袖窿减7针
2-1-7
行针次　　12cm
(48行)　　50行平坦
袖窿减7针
2-1-7
行针次

平收4针　　　　　　平收4针

41cm
(164行)

前片
(10号棒针)

花样

20cm
(80行)

32cm
(90针)　　分散加10针

5cm
(20行)　　双罗纹

29cm
(80针)

24m
(68针)

16cm
(64行)

50行平坦
袖窿减7针
2-1-7
行针次　　50行平坦
袖窿减7针
2-1-7
行针次

平收4针　　　　　　平收4针

后片
(10号棒针)

花样

20cm
(80行)

32cm
(90针)　　分散加10针

5cm
(20行)　　双罗纹

29cm
(80针)

(88针)

(36针)　　8cm
(32行)

领片

(52针)

领圈挑88针织8cm
双罗纹,对折缝合,
形成双层圆领

双罗纹

双排扣外套

【成品尺寸】衣长 38cm　下摆 30cm　连肩袖长 37cm
【工　　具】10 号棒针 4 支　缝衣针 1 支
【材　　料】咖啡色羊毛绒线 300g
【密　　度】10cm² : 30 针 ×40 行
【附　　件】纽扣 6 枚

【制作过程】

1. 毛衣用棒针编织,由两片前片、一片后片、两片袖片组成,从下往上编织。

2. 前片:(1)左前片,用下针起针法起 45 针,先织 3cm 单罗纹后,改织花样 A(其中门襟的 15 针织花样 B),织 26 行时改织 4 行单罗纹,然后平收 30 针为袋口,15 针留着待用,内袋另起 30 针,织 30 行全下针,缝合于织片的内侧,并与门襟的 15 针合并继续编织,侧缝不用加减针,织 23cm 至插肩袖窿。

(2)袖窿以上的编织:袖窿平收 4 针后减 24 针,方法是:每 4 行减 2 针减 12 次,织 12cm 至肩部。

(3)同时从插肩袖窿算起,织至 7cm 时,开始领窝减针,门

襟平收 7 针,然后减 10 针,方法是:每 2 行减 1 针减 10 次,织至肩部全部针数收完。同样方法编织右前片,并均匀地开纽扣孔。

3. 后片:(1)用下针起针法起 90 针,先织 3cm 单罗纹后,改织花样 A,侧缝不用加减针,织 24cm 至插肩袖窿。

(2)袖窿以上的编织:两边袖窿平收 4 针后减 24 针,方法是:每 4 行减 2 针减 12 次。领窝不用减针,织 12cm 至肩部余 34 针。

4. 袖片:用下针起针法起 60 针,织全下针,两边袖下加针,方法是:每 10 行加 1 针加 9 次,织至 25cm 时,开始两边平收 4 针后,进行插肩减 24 针,方法是:每 4 行减 2 针减 12 次,至肩部余 22 针,同样方法编织另一袖。

5. 缝合:将前片的侧缝与后片的侧缝对应缝合,袖片的袖下分别缝合,袖片的插肩部与衣片的插肩部缝合。

6. 领片:领圈边挑 106 针,织 24 行单罗纹,形成开襟翻领。

7. 缝上纽扣。毛衣编织完成。

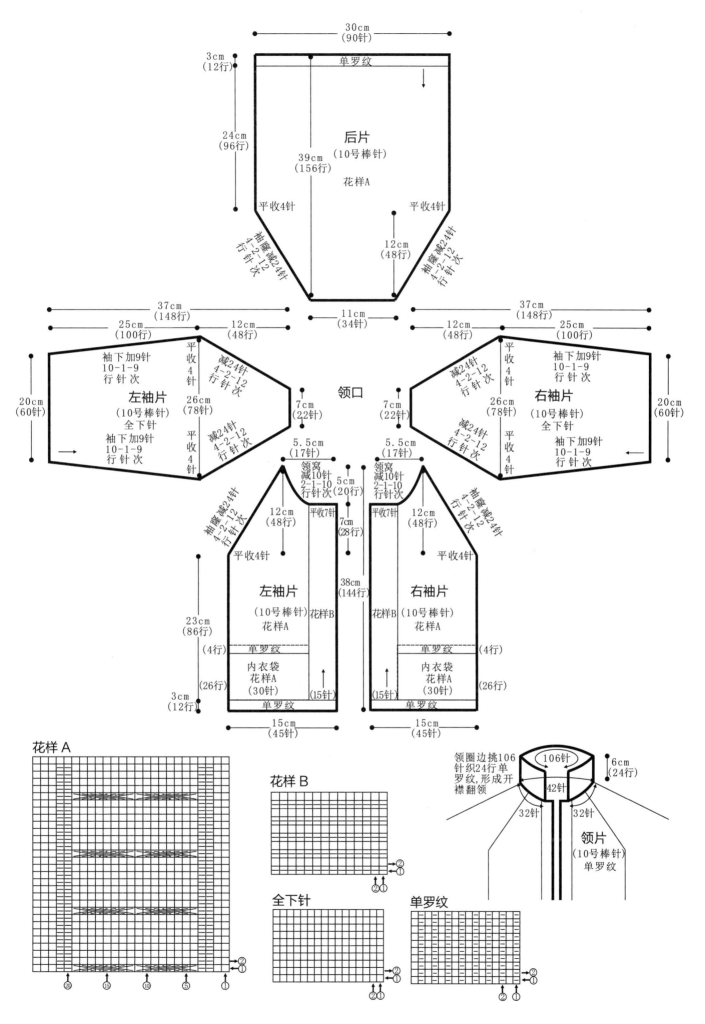

30cm
(90针)

3cm
(12行)

单罗纹

后片
(10号棒针)

24cm
(96行)

39cm
(156行)

花样A

平收4针

平收4针

袖窿减24针
4-2-12
行针次

12cm
(48行)

袖窿减24针
4-2-12
行针次

37cm
(148行)

11cm
(34针)

37cm
(148行)

25cm
(100行)

12cm
(48行)

领口

12cm
(48行)

25cm
(100行)

平收4针

减24针
4-2-12
行针次

平收4针

减24针
4-2-12
行针次

20cm
(60针)

袖下加9针
10-1-9
行针次

左袖片
(10号棒针)
全下针

26cm
(78针)

7cm
(22针)

7cm
(22针)

26cm
(78针)

右袖片
(10号棒针)
全下针

20cm
(60针)

袖下加9针
10-1-9
行针次

袖下加9针
10-1-9
行针次

减24针
4-2-12
行针次

减24针
4-2-12
行针次

袖下加9针
10-1-9
行针次

5.5cm
(17针)

5.5cm
(17针)

领窝
减10针
2-1-10
行针次

5cm
(20行)

领窝
减10针
2-1-10
行针次

袖窿减24针
4-2-12
行针次

12cm
(48行)

平收7针

7cm
(28行)

平收7针

12cm
(48行)

袖窿减24针
4-2-12
行针次

平收4针

38cm
(144行)

平收4针

23cm
(86行)

左袖片
(10号棒针)
花样A

花样B

花样B

右袖片
(10号棒针)
花样A

(4行)

单罗纹

单罗纹

(4行)

内衣袋
花样A
(30针)

(15针)

(15针)

内衣袋
花样A
(30针)

(26行)

(26行)

3cm
(12行)

单罗纹

单罗纹

15cm
(45针)

15cm
(45针)

花样 A

花样 B

全下针

单罗纹

领圈边挑106
针织24行单
罗纹,形成开
襟翻领

106针

6cm
(24行)

42针

32针

32针

领片
(10号棒针)
单罗纹

195

小裙摆淑女毛衣

【成品尺寸】衣长 41cm　下摆 30cm　袖长 32cm

【工　　具】10 号棒针 4 支　缝衣针 1 支

【材　　料】黑色羊毛绒线 400g　白色线少许

【密　　度】10cm² : 30 针 × 40 行

【附　　件】装饰毛线球若干

【制作过程】

1. 毛衣用棒针编织，由一片前片、一片后片、两片袖片组成，从下往上编织。

2. 前片：（1）用下针起针法起 90 针，编织 17cm 单罗纹后，改织 5cm 花样 B，再改织花样 A 并配色，侧缝不用加减针，织 3cm 至袖窿。

（2）袖窿以上的编织：两边袖窿平收 4 针后减针，方法是：每 2 行减 1 针减 6 次，各减 6 针，不加不减织 52 行至肩部。

（3）同时织至袖窿算起 9cm 时，开始开领窝，中间平收 18 针，然后两边减针，方法是：每 2 行减 1 针减 14 次，各减 14 针，织至肩部余 12 针。

3. 后片：（1）用下针起针法起 90 针，先织 17cm 单罗纹后，改织花样 B，再改织花样 A 并配色，侧缝不用加减针，织 3cm 至袖窿。

（2）袖窿以上的编织：两边袖窿平收 4 针后减针，方法是：每

2 行减 1 针减 6 次，各减 6 针，不加不减织 52 行至肩部。

（3）同时织至从袖窿算起 14cm 时，开始开领窝，中间平收 38 针，然后两边减针，方法是：每 2 行减 1 针减 4 次，至肩部余 12 针。

4. 袖片：用下针起针法起 60 针，先织 3cm 单罗纹后，改织 2cm 花样 B，再改织花样 A 并配色，袖下加针，方法是：每 4 行加 1 针加 12 次，织至 17cm 时，两边平收 4 针，开始袖山减针，方法是：每 2 行减 2 针减 7 次，每 2 行减 1 针减 12 次，各减 26 针，至顶部余 24 针。

5. 缝合：将前片的侧缝与后片的侧缝对应缝合，前片的肩部与后片的肩部缝合，两边袖片的袖下缝合后，分别与衣片的袖边缝合。

6. 领片：领圈边挑 116 针，片织 3cm 单罗纹，形成圆领。

7. 缝上装饰毛线球。毛衣编织完成。

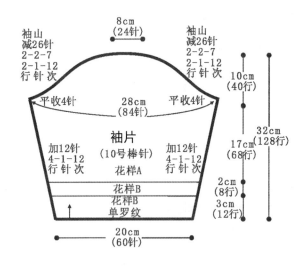

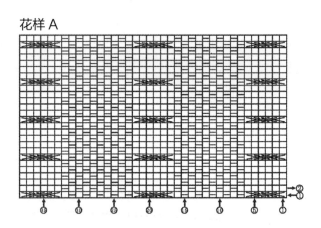

花样 A

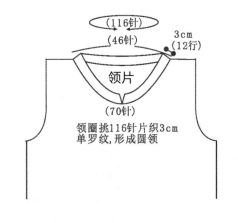

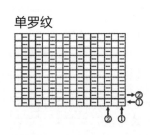

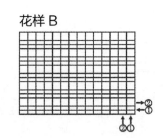

单罗纹　　花样 B

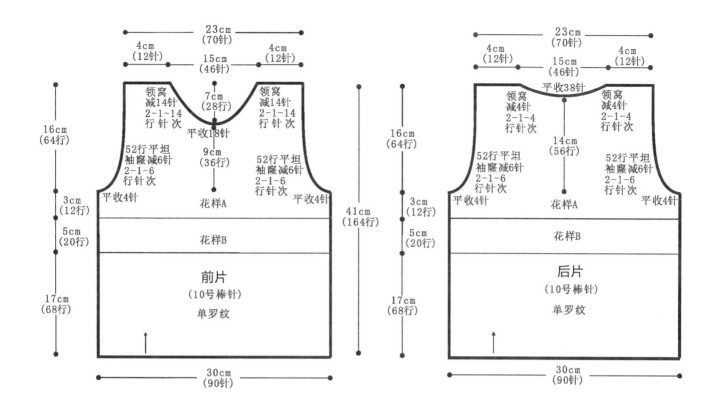

前片（左图）标注：

23cm（70针）
4cm（12针）　15cm（46针）　4cm（12针）
领窝减14针 2-1-14 行针次　7cm（28行）　领窝减14针 2-1-14 行针次
平收18针
16cm（64行）
52行平坦袖窿减6针 2-1-6 行针次　9cm（36行）　52行平坦袖窿减6针 2-1-6 行针次
平收4针　花样A　平收4针
3cm（12行）
5cm（20行）　花样B
17cm（68行）
前片（10号棒针）单罗纹
41cm（164行）
30cm（90针）

后片（右图）标注：

23cm（70针）
4cm（12针）　15cm（46针）　4cm（12针）
平收38针
领窝减4针 2-1-4 行针次　领窝减4针 2-1-4 行针次
16cm（64行）
52行平坦袖窿减6针 2-1-6 行针次　14cm（56行）　52行平坦袖窿减6针 2-1-6 行针次
平收4针　花样A　平收4针
3cm（12行）
5cm（20行）　花样B
17cm（68行）
后片（10号棒针）单罗纹
30cm（90针）

粉色系带毛衣

【成品尺寸】衣长41cm　下摆30cm　袖长13cm
【工　　具】10号棒针4支　缝衣针1支
【材　　料】粉色羊毛绒线300g
【密　　度】10cm²：30针×40行
【附　　件】装饰带子1根

【制作过程】

1. 毛衣用棒针编织，由一片前片、一片后片、两片袖片组成，从下往上编织。

2. 前片：（1）用下针起针法起90针，先织3cm双罗纹后，改织全下针，侧缝不用加减针，织22行时开袋口，袋口处6行双罗纹，两边分别留12针，各平收20针为袋口，中间余26针，同时分别织两个内袋，起20针，织24行全下针后，缝合于袋口的内侧，并与织片的针数合并，继续织8行后改织花样A，织14cm至袖窿。

（2）袖窿以上的编织：两边袖窿平收4针后减针，方法是：每2行减2针减3次，各减6针，不加不减织50行至肩部。

（3）同时织至袖窿算起8cm时，开始开领窝，中间平收20针，然后两边减针，方法是：每2行减2针减5次，各减10针，不加不减织24行至肩部余15针。

3. 后片：（1）用下针起针法起90针，先织3cm双罗纹后，改织全下针，侧缝不用加减针，织10cm再改织花样B，织14cm至袖窿。

（2）袖窿以上的编织：两边袖窿平收4针后减针，方法是：每2行减2针减3次，各减6针，不加不减织50行至肩部。

（3）同时织至从袖窿算起12cm时，开始开领窝，中间平收32针，然后两边减针，方法是：每2行减1针减4次，至肩部余15针。

4. 袖片：用下针起针法起66针，织花样C，织6cm至袖窿，两边平收4针，开始袖山减针，方法是：每2行减1针减14次，各减14针，至顶部余30针。

5. 缝合：将前片的侧缝与后片的侧缝对应缝合，前片的肩部与后片的肩部缝合，两边袖片的袖下缝合后，分别与衣片的袖边缝合。

6. 领片：领圈边挑120针，圈织3cm双罗纹，形成圆领。系上装饰带子。毛衣编织完成。

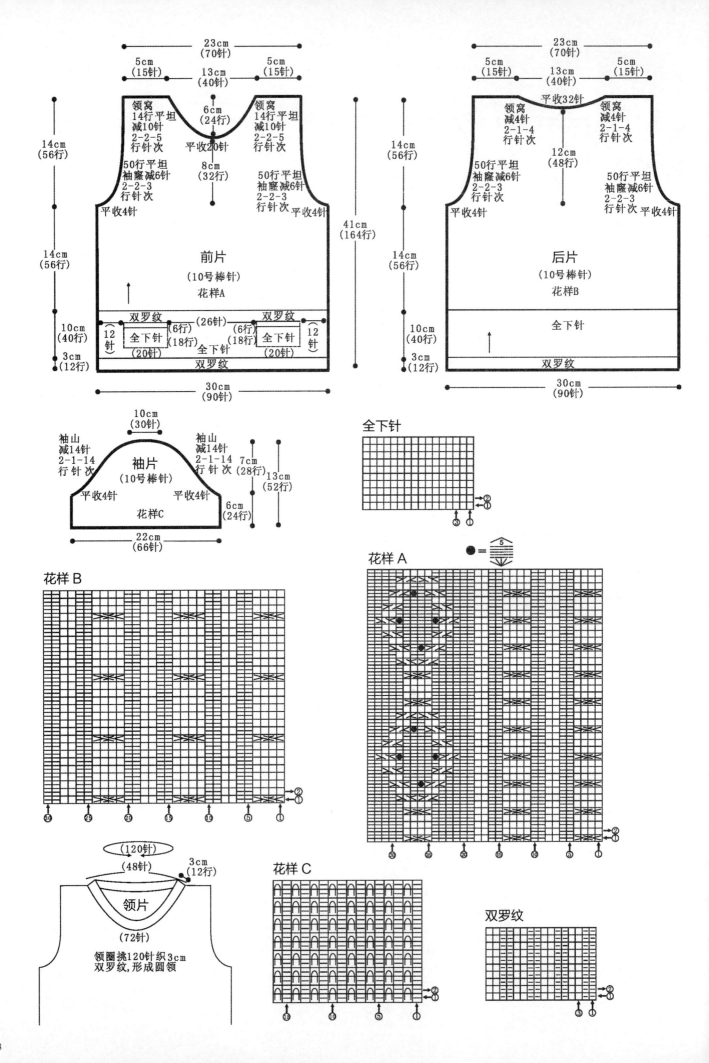

23cm
(70针)
5cm 13cm 5cm
(15针) (40针) (15针)

领窝
14行平坦
减10针
2-2-5
行针次
6cm
(24行)
领窝
14行平坦
减10针
2-2-5
行针次
平收20针
8cm
(32行)

14cm
(56行)

50行平坦
袖窿减6针
2-2-3
行针次
50行平坦
袖窿减6针
2-2-3
行针次

平收4针
平收4针

前片
(10号棒针)
花样A

14cm
(56行)

双罗纹
双罗纹
全下针
(26针)
(6行) (6针) (6行)
(18针) (18针)
全下针
(20针)
全下针
(20针)
12针
12针

10cm
(40行)

3cm
(12行)
双罗纹

30cm
(90针)

23cm
(70针)
5cm 13cm 5cm
(15针) (40针) (15针)

平收32针
领窝
减4针
2-1-4
行针次
领窝
减4针
2-1-4
行针次
12cm
(48行)

14cm
(56行)

41cm
(164行)

50行平坦
袖窿减6针
2-2-3
行针次
50行平坦
袖窿减6针
2-2-3
行针次

平收4针
平收4针

后片
(10号棒针)
花样B

14cm
(56行)

全下针

10cm
(40行)

3cm
(12行)
双罗纹

30cm
(90针)

10cm
(30针)

袖山
减14针
2-1-14
行针次
袖山
减14针
2-1-14
行针次
7cm
(28行)
13cm
(52行)

袖片
(10号棒针)

平收4针
平收4针
6cm
(24行)

花样C

22cm
(66针)

全下针

花样B

花样A

● = 〈5〉

(120针)
(48针)
3cm
(12行)

领片

(72针)

领圈挑120针织3cm
双罗纹,形成圆领

花样C

双罗纹

花边背心裙

【成品尺寸】衣长 42cm　胸围 27cm

【工　　具】10 号棒针 4 支　缝衣针、钩针各 1 支

【材　　料】白色羊毛绒线 200g　玫红色线少许

【密　　度】10cm² : 22 针 ×28 行

【附　　件】前片钩织花朵 2 朵

【制作过程】

1. 毛衣用棒针编织，由一片前片、一片后片组成，从下往上编织。

2. 前片：（1）用下针起针法先起 2 针，织全下针，并在右边加针，方法是：每 2 行加 4 针加 5 次，织 4cm 时针数为 22 针，留针待用，同样方法反方向织另一片，然后两片合并，并在中间加 28 针，共 72 针继续编织，侧缝减针，方法是：每 8 行减 1 针减 6 次，织 19cm 时改织 3cm 花样至袖窿。

（2）袖窿以上的编织：改织全下针，两边袖窿平收 6 针后减针，方法是：每 2 行减 2 针减 3 次，各减 6 针，不加不减织 38 行。

（3）同时从袖窿算起织至 8cm 时，开始开领窝，中间平收 10 针，然后两边减针，方法是：每 2 行减 1 针减 6 次各减 6 针，

不加不减织 10 行至肩部余 7 针。

3. 后片：（1）袖窿和袖窿以下的编织方法与前片袖窿一样。

（2）同时织至从袖窿算起 14cm 时，进行领窝减针，中间平收 16 针，然后两边减针，方法是：每 2 行减 1 针减 3 次，至肩部余 7 针。

4. 缝合：将前片的侧缝与后片的侧缝对应缝合，前片的肩部与后片的肩部缝合。

5. 袖口：两边袖口分别用红色线钩织花边。

6. 领子：领圈边用红色线钩织花边，形成钩花圆领。

7. 前片缝上钩针花朵，下摆用红色线钩织花边。毛衣编织完成。

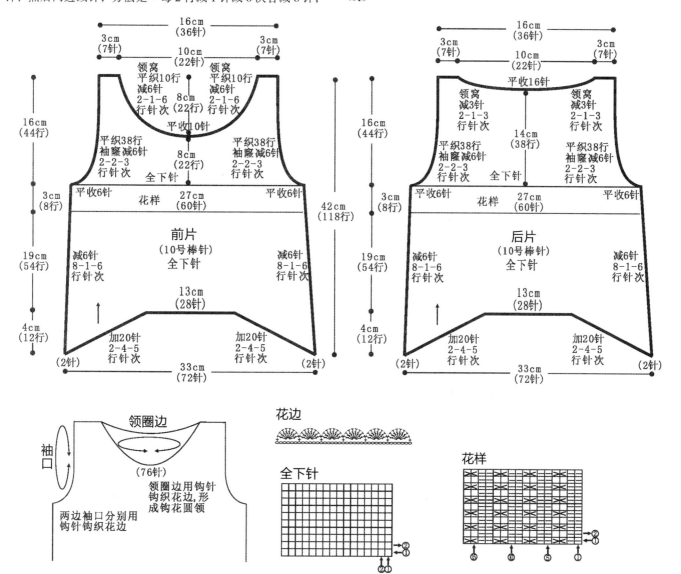

小兔图案毛衣

【成品尺寸】衣长 46cm　下摆 34cm　袖长 41cm

【工　　具】10 号棒针 4 支　缝衣针、钩针各 1 支

【材　　料】黄色、橙色羊毛绒线各 200g

【密　　度】10cm² ：30 针 ×40 行

【附　　件】纽扣 5 枚

【制作过程】

1. 毛衣用棒针编织，由两片前片、一片后片、两片袖片组成，从下往上编织。

2. 前片：分右前片和左前片编织。右前片：（1）先用下针起针法起 51 针，按双层平针底边花样织 4cm 全下针，对折缝合，形成双层平针底边，然后改花样继续编织并配色，侧缝不用加减针，织 13cm 时改织全下针，再织 13cm 至袖窿。

（2）袖窿以上的编织：袖窿平收 4 针后减针，方法是：每 2 行减 2 针减 3 次，共减 6 针，不加不减织 58 行至肩部。

（3）同时从袖窿算起织至 8cm 时，开始领窝减针，方法是：每 2 行减 2 针减 5 次，每 2 行减 1 针减 10 次，共减 20 针，不加不减织至肩部余 21 针。

（4）相同的方法、相反的方向编织左前片。

3. 后片：（1）先用下针起针法起 102 针，按双层平针底边花样织 4cm 全下针，对折缝合，形成双层平针底边，然后改花样继续编织并配色，侧缝不用加减针，织至 13cm 时改织全下针，再织 13cm 至袖窿。

（2）袖窿以上的编织：袖窿两边平收 4 针后减针，方法与前片袖窿一样。

（3）同时从袖窿算起织至 14cm 时，开后领窝，中间平收 32 针，然后两边减针，方法是：每 2 行减 1 针减 4 次，织至两边肩部余 21 针。

4. 袖片：（1）从袖口织起，用下针起针法起 66 针，按双层平针底边花样织 14cm 全下针，对折缝合，形成双层平针底边，然后改花样继续编织并配色，袖下加针，方法是：每 10 行加 1 针加 9 次，再织 13cm 全下针至袖窿。

（2）袖窿平收 4 针后，开始袖山减针，方法是：每 4 行减 2 针减 4 次，每 2 行减 2 针减 12 次，编织完 11cm 后余 12 针，收针断线。同样方法编织另一袖片。

5. 缝合：将前片的侧缝与后片的侧缝对应缝合，前片肩部与后片肩部对应缝合，再将两袖片的袖下缝合后，袖山边线与衣身的袖窿边对应缝合。

6. 两边门襟分别挑 114 针，按双层平针底边编织门襟，左边均匀地开纽扣孔。

7. 领片：领圈边挑 108 针，织 8cm 花样，收针断线，形成翻领。

8. 缝上纽扣和钩针口袋，绣上刺绣图案。毛衣编织完成。

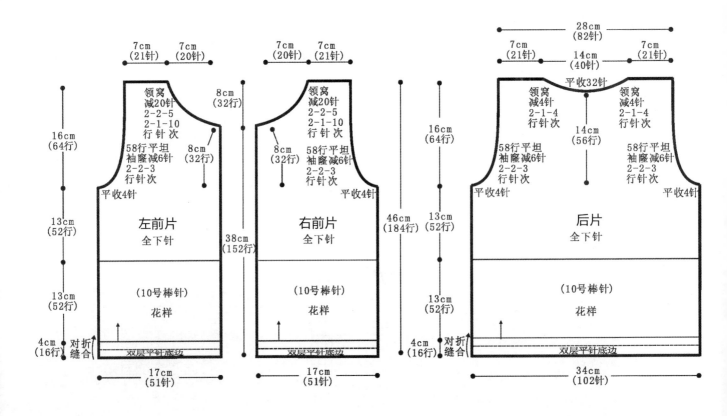

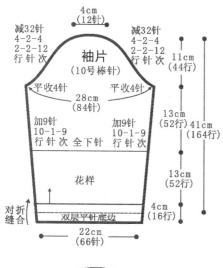

袖片
(10号棒针)

4cm
(12针)

减32针
4-2-4
2-2-12
行针次

减32针
4-2-4
2-2-12
行针次

平收4针　　平收4针

28cm
(84针)

加9针
10-1-9
行针次

全下针

加9针
10-1-9
行针次

花样

对折缝合

双层平针底边

22cm
(66针)

11cm
(44行)

13cm
(52行)

41cm
(164行)

13cm
(52行)

4cm
(16行)

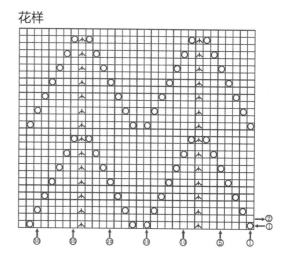

花样

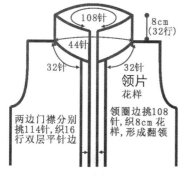

108针

44针

32针　　32针

8cm
(32行)

领片
花样

两边门襟分别挑114针，织16行双层平针边

领圈边挑108针，织8cm花样，形成翻领

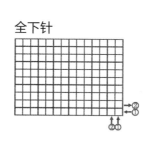

全下针

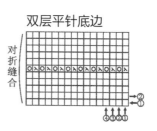

双层平针底边

对折缝合

灰色背心裙

【成品尺寸】衣长44cm　胸宽28cm　下摆32cm

【工　具】10号棒针4支　缝衣针1支

【材　料】灰色羊毛绒线300g　黑色线少许

【密　度】$10cm^2$：30针×40行

【附　件】手编绳子1根　毛线绒球1只

【制作过程】

1. 毛衣用棒针编织，由一片前片、一片后片组成，从下往上编织。

2. 前片：（1）用下针起针法起96针，先织6cm花样B后，改织全下针，侧缝不用加减针，织23cm至袖窿。

（2）袖窿以上的编织：织片分散减12针，此时针数为84针，并改织花样A，袖窿两边平收4针后减针，方法是：每2行减2针减3次，余下针数不加不减织54行至肩部。

（3）同时从袖窿算起织至8cm时，开始领窝减针，中间平收18针，两边各减8针，方法是：每2行减1针减8次，至肩部余15针。

3. 后片：（1）用下针起针法起96针，先织6cm花样B后，改织全下针，侧缝不用加减针，织23cm至袖窿。

（2）袖窿以上的编织：织片分散减12针，此时针数为84针，

并改织花样A，袖窿两边平收4针后减针，方法是：每2行减2针减3次，余下针数不加不减织54行至肩部。

（3）同时从袖窿算起织至9cm时，开始领窝减针，中间平收24针，两边各减5针，方法是：每2行减1针减5次，至肩部余15针。

4. 缝合：将前片的侧缝与后片的侧缝对应缝合，前后片的肩部对应缝合。

5. 袖口：两边袖口分别用黑色线钩织花边。

6. 领子：领圈边用黑色线钩织花边，形成圆领。

7. 下摆边用黑色线钩织花边。

8. 口袋：起26针，先织2cm单罗纹后，改织全下针，织至14cm时，把全部针数索紧，缝合于前片相应的位置上，并缝上毛线绒球。缝上手编绳子。毛衣编织完成。

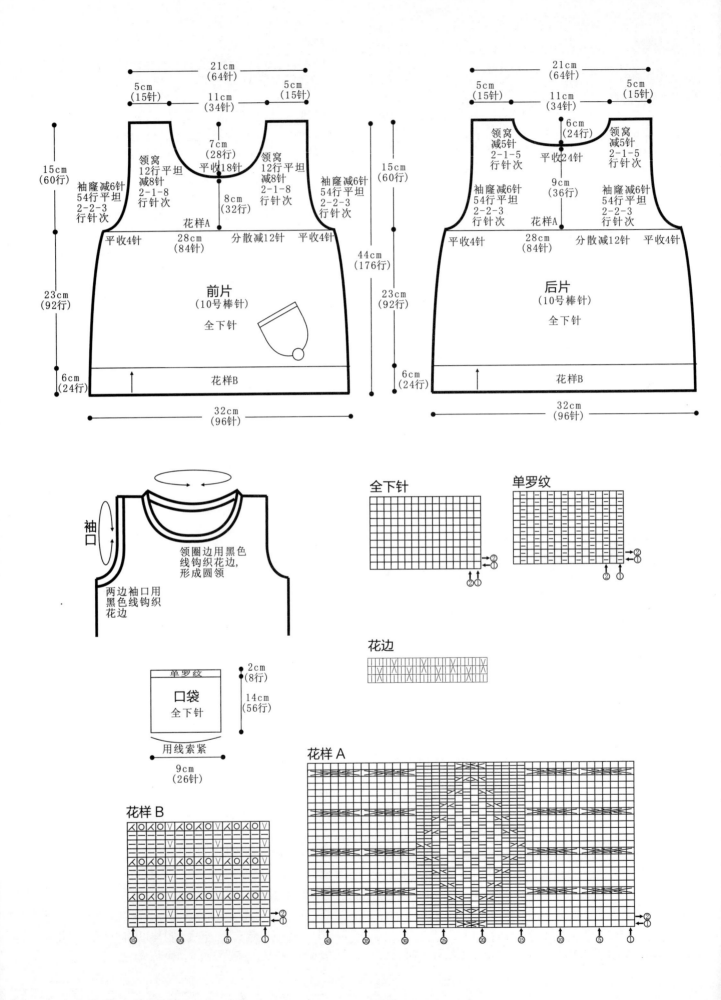

21cm
(64针)
5cm
(15针)
11cm
(34针)
5cm
(15针)
7cm
(28行)
平收18针
领窝
12行平坦
减8针
2-1-8
行针次
领窝
12行平坦
减8针
2-1-8
行针次
8cm
(32行)
15cm
(60行)
袖窿减6针
54行平坦
2-2-3
行针次
袖窿减6针
54行平坦
2-2-3
行针次
15cm
(60行)
44cm
(176行)
平收4针
28cm
(84针)
分散减12针
平收4针
花样A

前片
(10号棒针)
全下针

23cm
(92行)
23cm
(92行)
6cm
(24行)
花样B
6cm
(24行)
32cm
(96针)

21cm
(64针)
5cm
(15针)
11cm
(34针)
5cm
(15针)
6cm
(24行)
领窝
减5针
2-1-5
行针次
领窝
减5针
2-1-5
行针次
平收24针
9cm
(36行)
袖窿减6针
54行平坦
2-2-3
行针次
袖窿减6针
54行平坦
2-2-3
行针次
平收4针
28cm
(84针)
分散减12针
平收4针
花样A

后片
(10号棒针)
全下针

6cm
(24行)
花样B
32cm
(96针)

袖口

领圈边用黑色
线钩织花边,
形成圆领

两边袖口用
黑色线钩织
花边

单罗纹
口袋
全下针

2cm
(8行)
14cm
(56行)

用线索紧
9cm
(26针)

全下针

单罗纹

花边

花样A

花样B

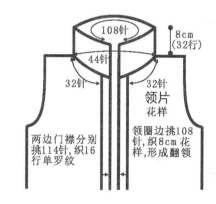

可爱翻领毛衣

【成品尺寸】衣长46cm　下摆39cm　袖长38cm
【工　　具】10号棒针4支　缝衣针、钩针各1支
【材　　料】白色、红色羊毛绒线各200g
【密　　度】10cm²：30针×40行
【附　　件】纽扣5枚

【制作过程】

1. 毛衣用棒针编织，由两片前片、一片后片、两片袖片组成，从下往上编织。

2. 前片：分右前片和左前片编织。右前片：（1）用下针起针法起58针，先织6cm花样后，改织全下针继续编织并配色，侧缝不用加减针，织24cm至袖窿，中间打皱褶后改用白色线。

（2）袖窿以上的编织：袖窿平收4针后减针，方法是：每2行减2针减3次，共减6针，不加不减织58行至肩部。

（3）同时从袖窿算起织至8cm时，开始领窝减针，方法是：每2行减2针减8次，每2行减1针减8次，共减24针，不加不减织至肩部余24针。

（4）相同的方法、相反的方向编织左前片。

3. 后片：（1）用下针起针法起116针，先织6cm花样后，改织全下针继续编织并配色,侧缝不用加减针，织至24cm至袖窿，中间打皱褶后改用白色线。

（2）袖窿以上的编织：袖窿两边平收4针后减针，方法与前片袖窿一样。

（3）同时从袖窿算起织至14cm时，开后领窝，中间平收40针，然后两边减针，方法是：每2行减1针减4次，织至两边肩部余24针。

4. 袖片：（1）从袖口织起，用下针起针法起66针，先织6cm花样后，改织全下针继续编织并配色，袖下加针，方法是：每8行加1针加9次，再织22cm至袖窿。

（2）两边袖窿平收4针后，开始袖山减针，方法是：每4行减2针减4次，每2行减2针减12次，编织完10cm后余12针，收针断线。同样方法编织另一袖片。

5. 缝合：将前片的侧缝与后片的侧缝对应缝合，前片肩部与后片肩部对应缝合，再将两袖片的袖下缝合后，袖山边线与衣身的袖窿边对应缝合。

6. 两边门襟分别挑114针，织16行单罗纹，左边均匀地开纽扣孔。

7. 领片：领圈边挑108针，织8cm花样，收针断线，形成翻领。

8. 缝上纽扣和钩针口袋花边。毛衣编织完成。

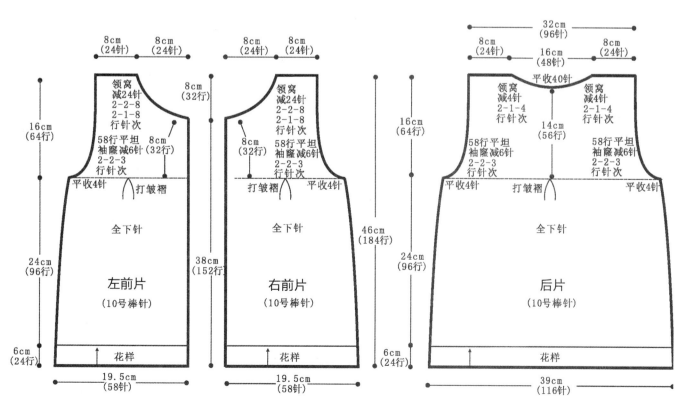

203

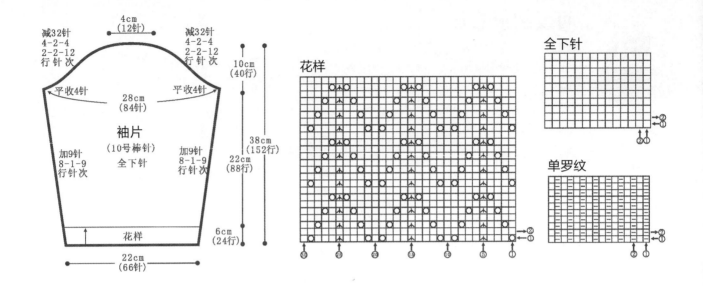

花样

全下针

单罗纹

减32针
4-2-4
2-2-12
行针次

4cm
(12针)

减32针
4-2-4
2-2-12
行针次

平收4针

28cm
(84针)

平收4针

10cm
(40行)

袖片
(10号棒针)
全下针

38cm
(152行)

22cm
(88行)

加9针
8-1-9
行针次

加9针
8-1-9
行针次

花样

6cm
(24行)

22cm
(66针)

可爱淑女背心

【成品尺寸】衣长 36cm　下摆 27cm
【工　　具】10号棒针 4 支　缝衣针 1 支
【材　　料】白色羊毛绒线 200g　粉红色、绿色各少许
【密　　度】10cm² : 30 针 × 40 行
【附　　件】前片小饰物 1 个

【制作过程】

1. 毛衣用棒针编织，由一片前片 、一片后片组成，从下往上编织。

2. 前片：（1）用白色线，下针起针法起 80 针，织花样 A，侧缝不用加减针，织 9cm 至袖窿。

（2）袖窿以上的编织：两边袖窿平收 4 针后减针，方法是：每 2 行减 2 针减 3 次，各减 6 针，不加不减织 54 行。

（3）同时从袖窿算起至 7cm 时，开始开领窝，中间平收 22 针，然后两边减针，方法是：每 2 行减 1 针减 10 次，各减 10 针，不加不减织 12 行至肩部余 9 针。

3. 后片：（1）袖窿和袖窿以下的编织方法与前片袖窿一样，后片编织全下针。

（2）同时织至从袖窿算起 13cm 时，进行领窝减针，中间平收 34 针，然后两边减针，方法是：每 2 行减 1 针减 4 次，至肩部余 9 针。

4. 缝合：将前片的侧缝与后片的侧缝对应缝合，前片的肩部与后片的肩部缝合。

5. 下摆用粉红色线另织，为 6 个花样 B(螺旋花花样) 的小织片组成，按编织说明分别织好后，与前后片的下摆缝合，然后在下摆处用绿色线挑 162 针，圈织 3cm 全下针。

6. 袖口：两边袖口用绿色线，分别挑 96 针，环织 8 行双罗纹。

7. 领子：领圈边用绿色线挑 114 针，环织 8 行双罗纹，形成圆领。

8. 缝上前片小饰物。

毛衣编织完成。

花样 A

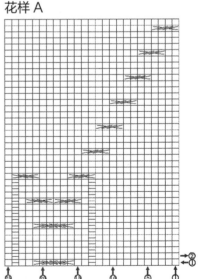

花样 B 的编织说明：
起 72 针，用 4 根针从外往内圈织，第 1 行织全下针，第 2 行织全上针，按图解织 18 行，最后剩下 6 针一线收口，一个花完成，第二个花在第一个花的一边挑 12 针，再起 60 针共 72 针，同样按图解编织，依次类推共织 6 个花。

花样 B

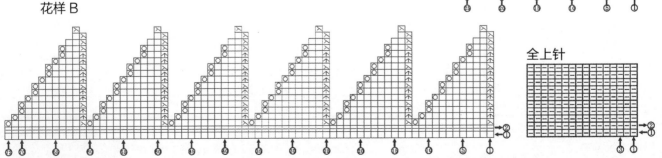

全上针

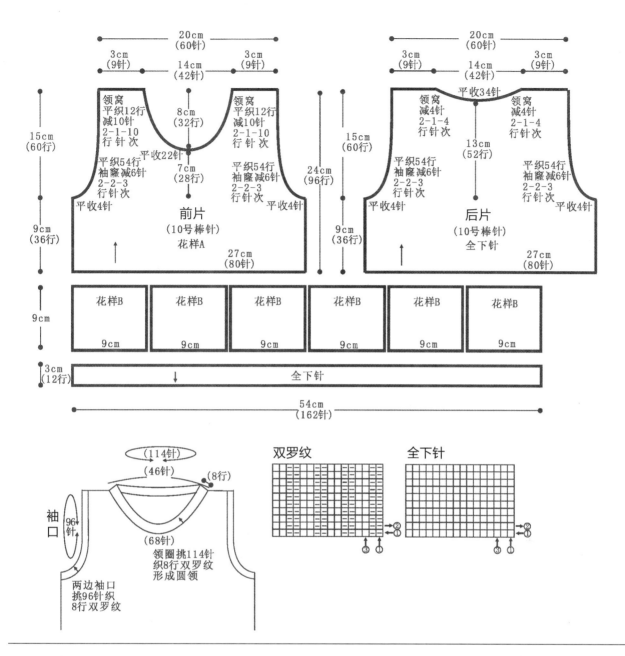

花样B 9cm × 6

全下针

3cm（12行）

54cm（162针）

双罗纹　全下针

（114针）
（46针）
（8行）
袖口
96针
（68针）
领圈挑114针
织8行双罗纹
形成圆领
两边袖口
挑96针织
8行双罗纹

两色拼接毛衣

【成品尺寸】衣长55cm　胸围36cm　袖长14cm

【工　　具】10号棒针4支　缝衣针、钩针各1支

【材　　料】白色、红色羊毛绒线各200g

【密　　度】10cm²：30针×40行

【附　　件】手编腰带1根　钩花1组　纽扣1枚

【制作过程】

1. 毛衣用棒针编织，由一片前片、一片后片、两片袖片组成，从下往上编织。

2. 前片：（1）用下针起针法起108针，先织23cm花样A后，改织全下针并配色。侧缝不用加减针，织16cm至袖窿。

（2）袖窿以上的编织：袖窿两边平收4针，然后进行袖窿减针，方法是：每2行减1针减6次，各减6针，余下针数不加不减织52行至肩部。

（3）同时从袖窿算起织至4cm时，中间平收4针后，分两片编织至6cm时，两边领窝各减24针，方法是：每2行减2针减12次，至肩部余18针。

3. 后片：（1）袖窿和袖窿以下的编织方法与前片一样。

（2）同时从袖窿算起织至13cm时，开始领窝减针，中间平收40针，两边各减6针，方法是：每2行减1针减6次，至肩部余18针。

4. 袖片：从袖口织起，用下针起针法起72针，织花样B，袖下加针，方法是：每2行加1针加6次，织4cm时，两边平收4针后，进行袖山减针，方法是：每2行减2针减8次，每2行减1针减12次，织10cm至顶部余20针。同样方法编织另一袖片。

5. 缝合：将前片的侧缝与后片的侧缝对应缝合，前后片的侧缝缝合后，两袖片的袖下缝合后，与衣片的袖窿边缝合。

6. 领圈边、两边袖口和下摆分别用钩针钩织花边。

7. 系上手编腰带，缝上钩花和纽扣。毛衣编织完成。

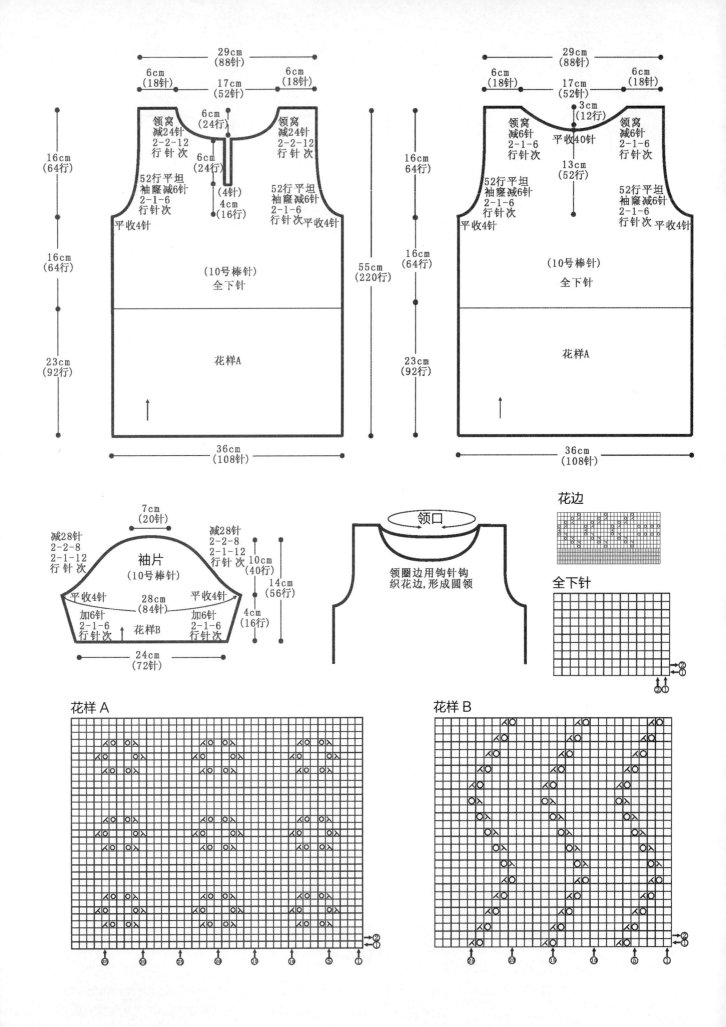

29cm
(88针)

6cm
(18针)

17cm
(52针)

6cm
(18针)

6cm
(24行)

领窝
减24针
2-2-12
行针次

领窝
减24针
2-2-12
行针次

6cm
(24行)

4cm
(16行)

(4针)

16cm
(64行)

52行平坦
袖窿减6针
2-1-6
行针次
平收4针

52行平坦
袖窿减6针
2-1-6
行针次
平收4针

16cm
(64行)

(10号棒针)
全下针

55cm
(220行)

16cm
(64行)

23cm
(92行)

花样A

36cm
(108针)

29cm
(88针)

6cm
(18针)

17cm
(52针)

6cm
(18针)

3cm
(12行)

领窝
减6针
2-1-6
行针次

平收40针

领窝
减6针
2-1-6
行针次

13cm
(52行)

16cm
(64行)

52行平坦
袖窿减6针
2-1-6
行针次
平收4针

52行平坦
袖窿减6针
2-1-6
行针次
平收4针

16cm
(64行)

(10号棒针)
全下针

23cm
(92行)

花样A

36cm
(108针)

7cm
(20针)

减28针
2-2-8
2-1-12
行针次

袖片
(10号棒针)

减28针
2-2-8
2-1-12
行针次

10cm
(40行)

平收4针

28cm
(84针)

平收4针

14cm
(56行)

加6针
2-1-6
行针次

花样B

加6针
2-1-6
行针次

4cm
(16行)

24cm
(72针)

领口

领圈边用钩针钩
织花边,形成圆领

花边

全下针

花样 A

花样 B

灰色可爱娃娃毛衣

【成品尺寸】衣长 48cm　胸围 74cm　袖长 45cm

【工　　具】10 号棒针 4 支

【材　　料】灰色羊毛绒线 500g　红色、白色、黑色、黄色线各少许

【密　　度】10cm² : 25 针 × 32 行

【制作过程】

1. 前片：用平针起针法起 68 针，织全下针，两边按图加针至 92 针，并编入前片图案，织至 33cm 时左右两边平收 5 针，开始按图收成插肩袖。中间平收 6 针后，分两边编织，织至 6cm 时减针开领窝，至织完成。

2. 后片：用平针起针法起 68 针，织全下针，两边按图加针至 92 针，并编入后片图案，立体娃娃肩部的装饰片另织，起 8 针，织 14 行，剪数条 2cm 的线做成留须，立体娃娃的手另织，起 3 针圈织全下针，并均匀加针至 20 针，织至 14 行，按图缝合，立体娃娃的脚用线做 2 个毛毛球，按图缝合。织至 33cm 时左

右两边平收 5 针，开始收成插肩袖，织至 13cm 时中间平收 26 针开领窝，至织完成。

3. 袖片：用平针起针法起 62 针，织 4cm 花样后，改织全下针，袖下按图加针，织至 25cm 时按图示平收 5 针，均匀减针，收成插肩袖山。

4. 前后片下摆分别挑适合针数，织 4cm 花样。

5. 编织结束后，将前后片侧缝、袖片对应缝合。

6. 领圈边挑 96 针，织 18cm 全下针，并编入图案，两边平收 38 针，剩 20 针继续编织 15cm 后收针，然后 A 与 B 缝合、C 与 D 缝合，形成帽子。沿着两边前领到帽缘，挑适合针数，织 3cm 单罗纹。毛衣编织完成。

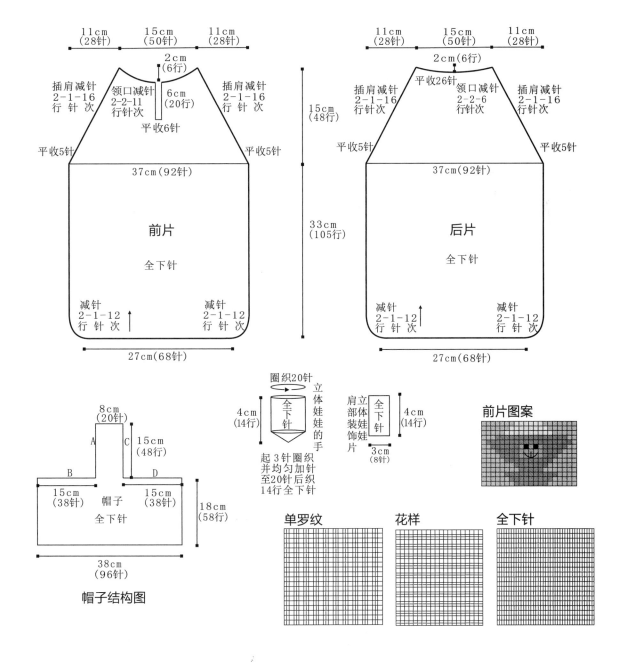

后片图案

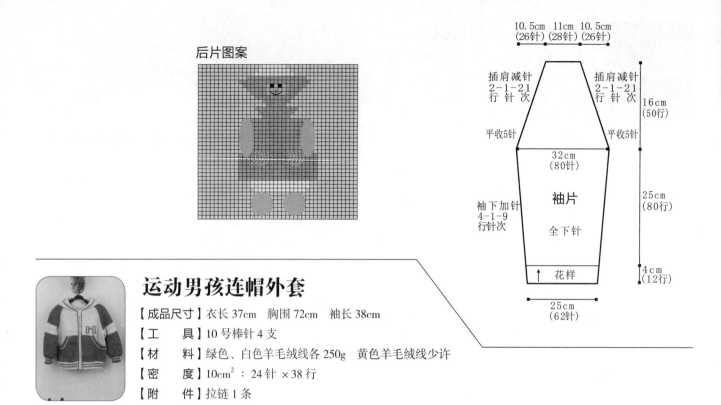

10.5cm 11cm 10.5cm
(26针)(28针)(26针)

插肩减针　　　　　插肩减针
2-1-21　　　　　2-1-21
行针次　　　　　行针次

16cm
(50行)

平收5针　　　　　平收5针

32cm
(80针)

袖片

25cm
(80行)

袖下加针
4-1-9
行针次

全下针

花样

4cm
(12行)

25cm
(62针)

运动男孩连帽外套

【成品尺寸】衣长 37cm 胸围 72cm 袖长 38cm
【工　　具】10 号棒针 4 支
【材　　料】绿色、白色羊毛绒线各 250g 黄色羊毛绒线少许
【密　　度】10cm² : 24 针 × 38 行
【附　　件】拉链 1 条

【制作过程】

1. 前片：分左右两片编织，左前片用白色线起 43 针，用白色和绿色线间隔织 4cm 双罗纹后，用绿色线织花样，织至 7cm 时，袋口在侧缝处平收 16 针，并减针：每 2 行减 2 针减 7 次，余 13 针不减待用，形成袋口，内衣袋用白色线另起 30 针，织 14cm 全下针，与待用的 13 针合并继续编织，织至 5cm 后，左右两边平收 4 针，开始减针成插肩袖，方法是：每 2 行减 1 针减 25 次，同时从插肩袖窿算起，织 7cm 处，平收 5 针开领窝，方法是：每 2 行减 1 针减 9 次。

2. 后片：用白色线起 86 针，织 4cm 双罗纹后，改织全下针，并用绿色和黄色线配色和编入花样图案，织至 19cm 后，左右两边平收 4 针，开始减针成插肩袖，方法是：每 2 行减 1 针减 25 次。领窝的减针：从插肩袖窿算起 12cm 处，在中间平收 22 针开领窝，方法是：两边每 2 行减 1 针减 4 次。

3. 袖片：先用绿色线起 48 针，先织 4cm 双罗纹后，改织全下针并配色，袖下按图加针，方法是：每 6 行加 1 针加 10 次，织至 20cm 时，两边平收 4 针，收成插肩袖山，方法是：每 2 行减 1 针减 20 次，肩部余 20 针。

4. 编织结束后，将前后片侧缝、袖子对应缝合。毛衣编织完成。

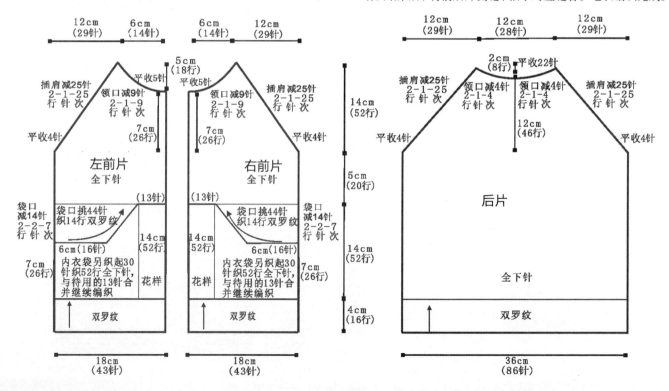

12cm 6cm　　　6cm 12cm
(29针)(14针)　(14针)(29针)

5cm
(18行)

平收5针　　　　　平收5针

插肩减25针　　领口减9针　领口减9针　　插肩减25针
2-1-25　　　2-1-9　　2-1-9　　　2-1-25
行针次　　　行针次　　行针次　　　行针次

7cm　　　　　　　7cm
(26行)　　　　　(26行)

平收4针　　　　　　　　　　平收4针

左前片　　　　　右前片
全下针　　　　　全下针

(13针)　　　(13针)

袋口　　袋口挑44针　　袋口挑44针　　袋口
减14针　织14行双罗纹　　织14行双罗纹　减14针
2-2-7　　　　　　　　　　　2-2-7
行针次　14cm　　　　14cm　行针次
　　　　(52行)　　　(52行)
6cm(16针)　　　　　6cm(16针)
7cm　　　　　　　　　　　　7cm
(26行)　内衣袋另织起30　内衣袋另织起30　(26行)
　　　针织52行全下针　针织52行全下针
　花样　与待用的13针合　与待用的13针合　花样
　　　并继续编织　　　并继续编织

双罗纹　　　　　双罗纹

18cm　　　　　18cm
(43针)　　　　(43针)

12cm 12cm 12cm
(29针)(28针)(29针)

2cm　平收22针
(8行)

插肩减25针　领口减4针　领口减4针　插肩减25针
2-1-25　　2-1-4　2-1-4　2-1-25
行针次　　行针次　行针次　行针次

14cm
(52行)

12cm
(46行)

平收4针　　　　　　　　　平收4针

5cm
(20行)

后片

全下针

14cm
(52行)

双罗纹

4cm
(16行)

36cm
(86针)

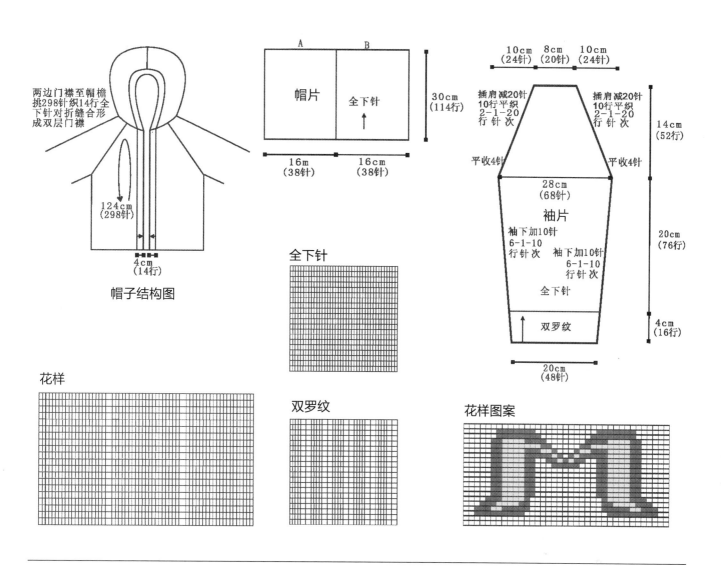

两边门襟至帽檐
挑298针织14行全
下针对折缝合形
成双层门襟

帽子结构图

124cm
(298针)

4cm
(14行)

A　　B

帽片　　全下针

30cm
(114行)

16m
(38针)　　16cm
(38针)

全下针

花样

双罗纹

10cm
(24针)　8cm
(20针)　10cm
(24针)

插肩减20针
10行平织
2-1-20
行针次　　插肩减20针
10行平织
2-1-20
行针次

14cm
(52行)

平收4针　　平收4针

28cm
(68针)

袖片

袖下加10针
6-1-10
行针次　　袖下加10针
6-1-10
行针次

20cm
(76行)

全下针

双罗纹

4cm
(16行)

20cm
(48针)

花样图案

清新果园风毛衣

【成品尺寸】 衣长 50cm　胸围 76cm　袖长 50cm

【工　　具】 10 号棒针 4 支

【材　　料】 玫红色羊毛绒线 400g

【密　　度】 10cm^2：28 针 ×34 行

花样

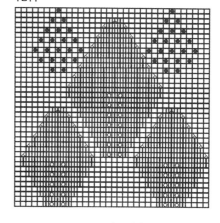

【制作过程】

1. 先起 96 针，织花样，并按花样加针，织至 14cm 时织完花样，此时针数为 312 针。

2. 继续编织全下针，并分出前后片和两袖片的针数，之间加针，方法是：每 4 行加 2 针加 6 次，前、后片各 106 针，两袖片各 62 针。

3. 分出前片 106 针，继续编织，侧缝不用加减针，先织 23cm 全下针后，改织 7cm 单罗纹，分出后片 106 针，织法与前片一样。

4. 袖片分出 62 针，继续编织，先织 25cm 全下针后，袖下减针，方法是：每 14 行减 1 针减 6 次，再改织 5cm 单罗纹。

5. 把侧缝和袖下对应缝合。毛衣编织完成。

单罗纹

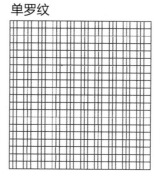

全下针

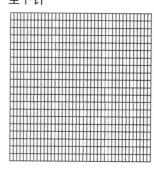

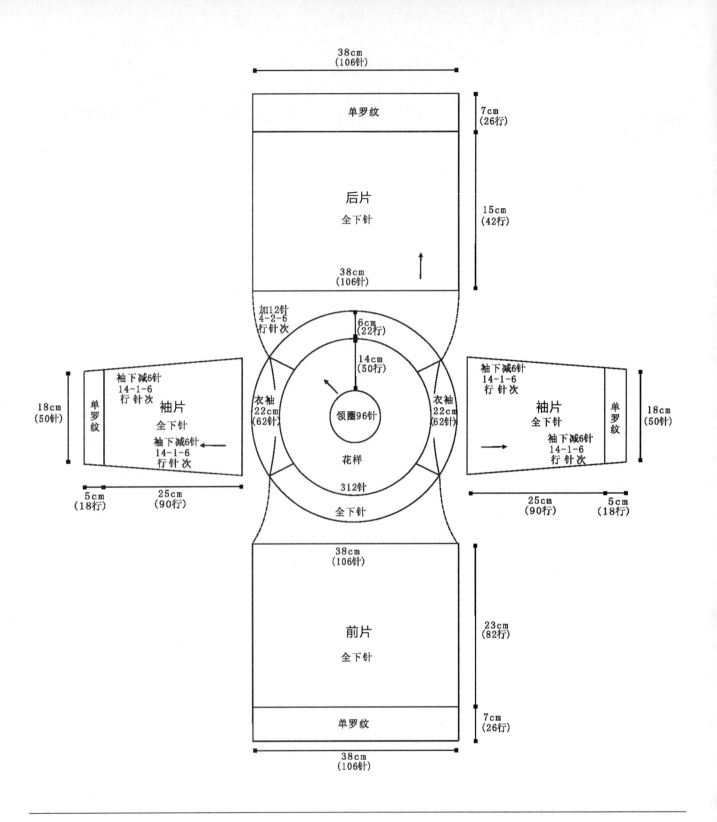

38cm
(106针)

单罗纹

7cm
(26行)

后片

全下针

15cm
(42行)

38cm
(106针)

加12针
4-2-6
行针次

6cm
(22行)

14cm
(50行)

领圈96针

袖下减6针
14-1-6
行针次

袖下减6针
14-1-6
行针次

18cm
(50针)

单罗纹

袖片

全下针

衣袖
22cm
(62行)

衣袖
22cm
(62行)

袖片

全下针

单罗纹

18cm
(50针)

袖下减6针
14-1-6
行针次

花样

袖下减6针
14-1-6
行针次

5cm
(18行)

25cm
(90行)

312针

全下针

25cm
(90行)

5cm
(18行)

38cm
(106针)

前片

全下针

23cm
(82行)

单罗纹

7cm
(26行)

38cm
(106针)

紫色流苏披肩

【成品尺寸】衣长30cm　领圈42cm

【工　　具】10号棒针4支

【材　　料】紫色羊毛绒线400g

【密　　度】10cm²：20针×28行

【附　　件】自编装饰绳子1根

【制作过程】

1. 披肩从下往上圈织，起224针，在对称的左右两边各留1针筋，即按针法编织，针法是：1行下针1行上针，重复一次后，织28行下针，再织1行下针1行上针，重复1次后，织18行下针，再织1行下针1行上针，重复一次后，再织38行下针。

2. 同时在筋的两边减针，每2行减2针，减35次共70针，左右两边筋共减140针。至领圈余84针，收针断线。

3. 取18cm等长的毛线若干，打结成流苏。

4. 穿上自编的装饰绳子。毛衣编织完成。

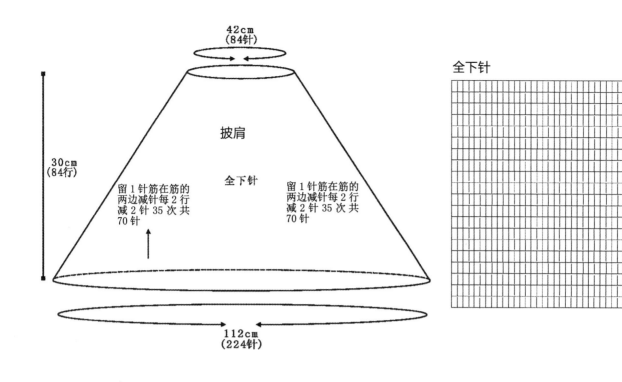

42cm
(84针)

30cm
(84行)

披肩

全下针

留1针筋在筋的
两边减针每2行
减2针35次共
70针

留1针筋在筋的
两边减针每2行
减2针35次共
70针

112cm
(224针)

全下针

动物口袋翻领外套

【成品尺寸】衣长42cm　胸围76cm　袖长38cm

【工　　具】10号棒针4支　绣花针、钩针各1支

【材　　料】蓝色羊毛绒线300g　白色线少许

【密　　度】10cm² : 20针 ×28行

【附　　件】纽扣4枚

【制作过程】

1. 从领圈往下编织，按编织方向，用一般起针法起92针，织全下针，然后分前后片和两边衣袖，之间留2针，每2行在2针旁边各加1针。

2. 织至18cm时，左前片继续编织19cm全下针，门襟按图减针。用同样方法继续编织右前片。

3. 后片织至18cm时，继续织21cm全下针。

4. 袖片继续织17cm全下针后，改织3cm花样。

5. 门襟于前后片挑228针，织3cm花样，领圈边挑104针，织8cm花样，再织2cm全下针，形成翻领。

6. 装饰：缝上纽扣，左右前片衣袋用钩针钩织好缝合。毛衣编织完成。

全下针　　花样

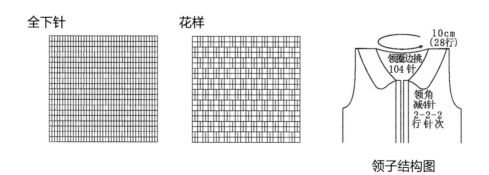

10cm
(28行)

领圈边挑
104针

领角
减4针
2-2-2
行针次

领子结构图

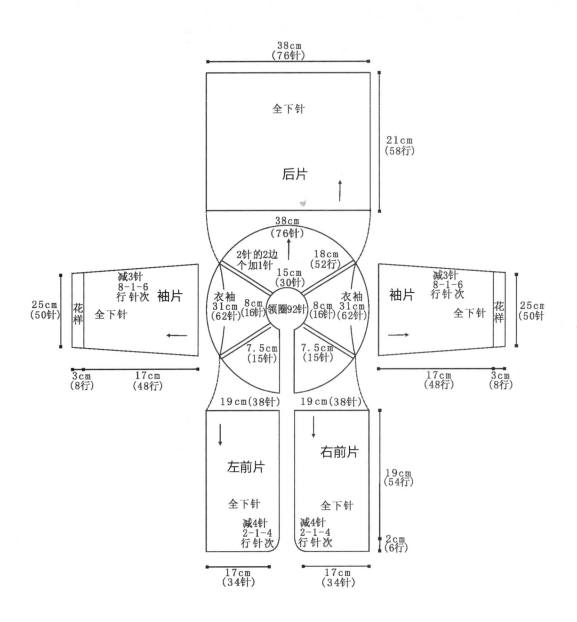

38cm
(76针)

全下针

后片

21cm
(58行)

38cm
(76针)

2针的2边
个加1针

18cm
(52行)

15cm
(30针)

减3针
8-1-6
行针次

袖片

25cm
(50针)

花样

衣袖
31cm
(62针)

全下针

8cm
(16针)

领圈92针

衣袖
31cm
(62针)

8cm
(16针)

减3针
8-1-6
行针次

袖片

全下针

花样

25cm
(50针)

3cm
(8行)

17cm
(48行)

7.5cm
(15针)

7.5cm
(15针)

17cm
(48行)

3cm
(8行)

19cm(38针)

19cm(38针)

左前片

全下针

右前片

全下针

19cm
(54行)

减4针
2-1-4
行针次

减4针
2-1-4
行针次

2cm
(6行)

17cm
(34针)

17cm
(34针)

休闲条纹翻领毛衣

【成品尺寸】衣长33cm　下摆宽30cm　袖长34cm
【工　　具】10号棒针4支　绣花针1支
【材　　料】白色、蓝色羊毛绒线各200g
【密　　度】10cm² : 28针×38行
【附　　件】纽扣1枚

【制作过程】

1.毛衣用棒针编织，由一片前片、一片后片、两片袖片组成，从下往上编织。

2.前片：（1）用下针起针法起84针，编织16行单罗纹后，

改织花样，并配色，侧缝不用加减针，织17cm至袖窿。
（2）袖窿以上的编织：两边袖窿减针，方法是：每2行减1针减9次，各减9针，余下针数不加不减织28行至肩部。
（3）同时在中间平收8针，开始开纽扣门襟，然后分两片编织，织至4cm，两边领窝减针，方法是：每2行减1针减15次，各减15针，至肩部余14针。

3.后片：（1）袖窿和袖窿以下编织方法与前片袖窿一样。
（2）同时织至袖窿算起10cm时，开后领窝，中间平收32针，两边领窝减针，方法是：每2行减1针减3次，织至两边肩部余14针。

4. 袖片：用下针起针法起56针，织4cm单罗纹后，改织花样，并配色，袖下加针，方法是：每12行加1针加6次，织至21cm时开始袖山减针，方法是：每2行减2针减12次，至顶部余20针。

5. 缝合：将前片的侧缝与后片的侧缝对应缝合，前片的肩部与

后片的肩部缝合，两边袖片的袖下缝后，分别与衣片的袖边缝合。

6. 领片：领圈边至两边门襟挑152针，织8行单罗纹后，在门襟以上的翻领加针，方法是：每2行加1针加30次，织34行。将纽扣缝上。毛衣编织完成。

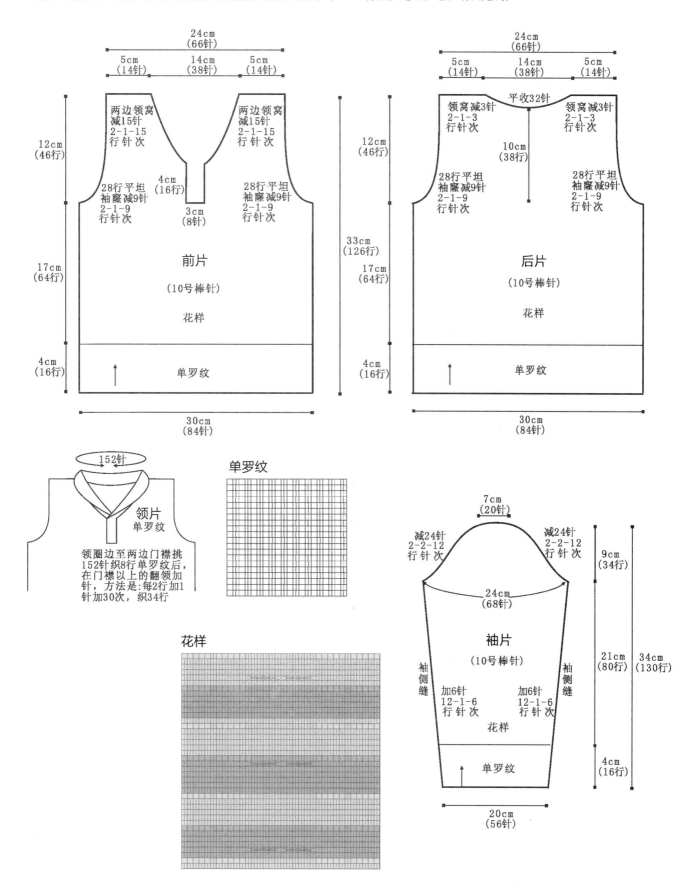

前片
（10号棒针）
花样

24cm（66针）
5cm（14针）　14cm（38针）　5cm（14针）
两边领窝减15针 2-1-15 行针次
两边领窝减15针 2-1-15 行针次
12cm（46行）
4cm（16针）
28行平坦 袖窿减9针 2-1-9 行针次
28行平坦 袖窿减9针 2-1-9 行针次
3cm（8针）
17cm（64行）
4cm（16行）
单罗纹
30cm（84针）

后片
（10号棒针）
花样

24cm（66针）
5cm（14针）　14cm（38针）　5cm（14针）
平收32针
领窝减3针 2-1-3 行针次
领窝减3针 2-1-3 行针次
12cm（46行）
10cm（38行）
28行平坦 袖窿减9针 2-1-9 行针次
28行平坦 袖窿减9针 2-1-9 行针次
33cm（126行）
17cm（64行）
4cm（16行）
单罗纹
30cm（84针）

领片
单罗纹
152针
领圈边至两边门襟挑152针织8行单罗纹后，在门襟以上的翻领加针，方法是：每2行加1针加30次，织34行

单罗纹

花样

袖片
（10号棒针）
花样
7cm（20针）
减24针 2-2-12 行针次
减24针 2-2-12 行针次
9cm（34行）
24cm（68针）
袖侧缝
袖侧缝
加6针 12-1-6 行针次
加6针 12-1-6 行针次
21cm（80行）
34cm（130行）
单罗纹
4cm（16行）
20cm（56针）

淑女蛋糕裙

【成品尺寸】衣长47cm　胸围25cm

【工　　具】10号棒针4支

　　　　　　缝衣针、环形针各1支

【材　　料】红色羊毛绒线200g

【密　　度】10cm²：30针×40行

【制作过程】

1. 裙摆：　分3层编织，从第1层裙摆织起。（1）第1层起304针，先织1.5cm花样C后，改织全下针，织至5.5cm时减针，方法是：每2针合并成1针，此时针数剩152针，不用收针待用。（2）第2层起304针，先织1.5cm花样C后，改织全下针，织至5.5cm时减针，方法是：每2针合并成1针，此时的针数剩

152针，与第1层的152针合并，然后继续编织4cm全下针，不用收针待用。

（3）第3层起304针，先织1.5cm花样C后，改织全下针，织至5.5cm时减针，方法是：每2针合并成1针，此时针数剩152针，与第2层的152针合并，然后继续编织8cm全下针，不用收针。

2. 把第3层的152针，分成前、后片编织。（1）前片：分出76针，即进行袖窿减针，方法是：每2行减1针减8次，不加不减织40行至肩部。

（2）同时从袖窿算起织至6cm时，开始领窝减针，中间平收16针，然后减针，方法是：每2行减1针减10次，不加不减织12行至肩部余12针。

（3）后片分出76针，即进行袖窿减针，方法是：每2行减1针减8次，不加不减织40行至肩部。

（4）同时从袖窿算起织至12cm时，开始领窝减针，中间平收28针，然后减针，方法是：每2行减1针减4次，织至肩部余12针。

3. 领片：领圈边挑90针，织8行花样B，形成圆领。

4. 两边袖口：分别挑68针，织8行花样B。毛衣编织完成。

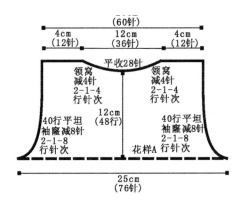

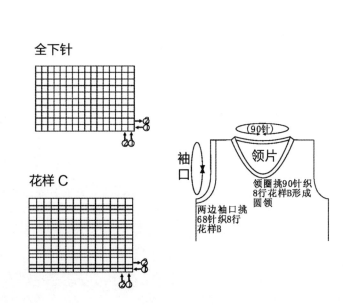

214

花样 B

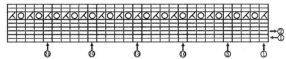

花样 A

潮流无袖连衣裙

【成品尺寸】衣长 45cm　胸围 74cm

【工　　具】10 号棒针 4 支

【材　　料】蓝色羊毛绒线 350g　白色线少许

【密　　度】10cm² : 20 针 × 28 行

【制作过程】

1. 前片：先用白色线，按图用下针起针法起 74 针，织 4cm 花样 C 后，改用蓝色线织花样 B，织至 22cm 时，再改织花样 A，织至 4cm 时左右两边平收 5 针，开始按图收成袖窿，再织 6cm

中间平收 16 针，开领窝，左右肩分别编织至织完成。

2. 后片：织法与前片一样，只是需按图开领窝。

3. 编织结束后，将前后片侧缝、肩部对应缝合。

4. 领圈用白色线，挑 78 针，织 3cm 花样 C，形成圆领。两边袖口挑适合针数，织 3cm 花样 C。毛衣编织完成。

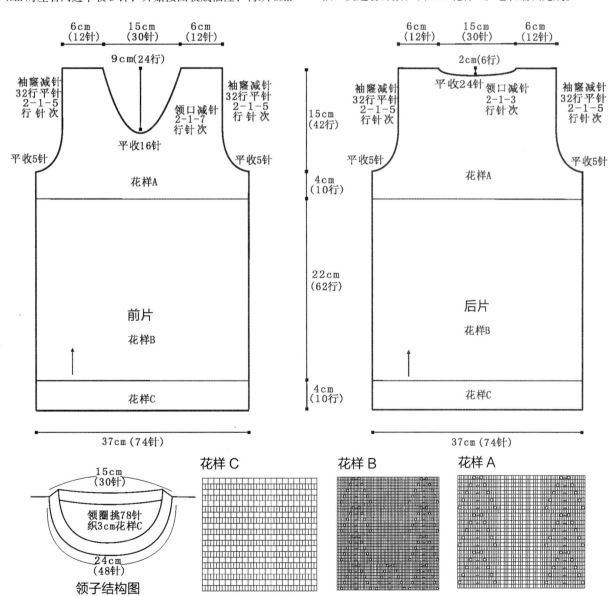

前片

后片

花样 C

花样 B

花样 A

领子结构图

温馨翻领系扣毛衣

【成品尺寸】衣长 42cm 胸围 74cm
【工　　具】10 棒针 4 支　缝衣针、钩针各 1 支
【材　　料】粉红色羊毛绒线 300g
【密　　度】10cm² : 20 针 × 28 行
【附　　件】纽扣 7 枚

【制作过程】

1. 从领圈往下编织，用一般起针法起 92 针，然后分前、后片，前片分左右片织全下针，左右片之间按花样 A 加针，织至 18cm 时，前片分左右两片编织，和后片一样，织 24cm 全下针。

2. 用环形针，从两边门襟沿着两边侧缝和前后片的下摆挑适合针数，织 3cm 花样 B。

3. 领圈边挑 92 针，先织 8cm 花样 C 后，改织 2cm 全上针，形成翻领。

4. 装饰：在两边侧缝各缝上 2 枚纽扣，门襟缝上 3 枚纽扣。衣袋用钩针钩织好，与前片缝合。毛衣编织完成。

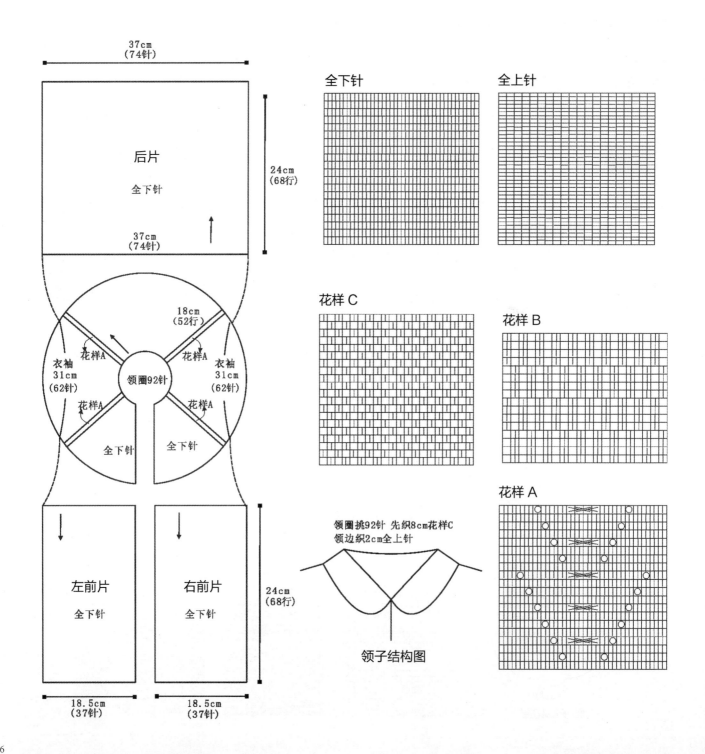